低碳变电站建设及运营

（技术篇）

主　编　赵水忠

副主编　张文杰　王　昌　周贤富

中国电力出版社
CHINA ELECTRIC POWER PRESS

内 容 提 要

本书梳理了变电站建筑本体、变电站照明、变电站通风及空调以及主要生产设备的设计、选型、安装、运行使用及其拆除的全生命周期过程的碳排放有关知识，并将智慧能源系统应用于变电站减碳，针对各个环节的减碳技术进行了系统整合。此外，本书还提出并建立了全生命周期系统减碳综合优化模型，对有限投入下变电站最大化低碳技术组合方案的方法进行了介绍。全书共分 11 章，内容分别为概述、变电站及其碳排放、基于全生命周期的低碳变电站营建理论和方法、变电站建筑设计与碳排放、变电站建设施工与碳排放、变电站环境保障设备与碳排放、变配电设备与碳排放、变电站“光储直柔”系统与电网交互和分层控制策略、变电站低碳智慧运营、变电站降碳数字孪生与碳资产运营管理、变电站拆除碳排放。

本书旨在为 110kV 及以下新建变电站和开关站的低碳设计、建设、运营及拆除提供技术指导，可供从事扩建或改建工程及其他电压等级的变电站、开关站设计、建造、运维和拆除的工程技术人员参考使用，也可供电力专业的大中专院校师生参考。

图书在版编目（CIP）数据

低碳变电站建设及运营. 技术篇 / 赵水忠主编. —北京：中国电力出版社，2023.11
ISBN 978-7-5198-8237-2

Ⅰ. ①低… Ⅱ. ①赵… Ⅲ. ①变电所－建筑工程 Ⅳ. ① TU745.7

中国国家版本馆 CIP 数据核字（2023）第 201933 号

出版发行：中国电力出版社
地　　址：北京市东城区北京站西街 19 号（邮政编码 100005）
网　　址：http://www.cepp.sgcc.com.cn
责任编辑：崔素媛（010-63412392）
责任校对：黄　蓓　常燕昆
装帧设计：王红柳
责任印制：杨晓东

印　　刷：廊坊市文峰档案印务有限公司
版　　次：2023 年 11 月第一版
印　　次：2023 年 11 月北京第一次印刷
开　　本：787 毫米 ×1092 毫米　16 开本
印　　张：10
字　　数：186 千字
定　　价：58.00 元

编委会

主　编　赵水忠

副主编　张文杰　王　昌　周贤富

参　编　楼　平　翁时乐　黄世晅　王　宁　袁慧宏　徐朝阳　朱司丞
蒋建杰　莫金龙　金建峰　王华伟　蔡　勇　高　健　王　璞
屠　锋　黄田青　陈家乾　朱奕弢　黄志华　李　凡　谭将军
马爱军　王平生　刘　俊　孙　琦　杨力强　席俞佳　赵崇娟
石　宏　范殷伟　雷雨松　闫　亮　韦舒天　王振宇　胡文博
齐　蓓　许　伟　丁　瀚　刘　莹　王　炜　金　烨　许德元
王新伟　刘高明　杨卫星　况骄庭　严雪莹　李佳丽　朱　勋
陈永炜　董建强　何　锋　童伟婷　姚博文

前言

能源电力的发展是中国式现代化的基础保障。电网基础设施建设在保障国家能源安全、保障电力可靠供应中发挥重要作用。“双碳”目标下，构建新型电力系统是建设新型能源体系的关键内容和重要载体。清洁电力在国民经济建设中的重要性更加凸显，“再电气化”为清洁低碳发展的重要抓手之一。在新的形势下，电网及其附属设施建设将迎来新的高峰。

变电站作为电网系统中的关键设施之一，承担着变换电压、接受和分配电能、控制电力的流向和调整电压的重任。随着我国全社会用电量的持续增长和电网的不断发展，变电站建设的数量和规模也日益增大。“十三五”期间，国家电网有限公司共建设变电站8000余座，遍布全国多个省、自治区、直辖市，建设量大、影响面广，“十四五”期间还将持续推进变电站的建设。特别是随着新型电力系统构建的不断加快，变电站内智能化设备数量快速增加，变电站建筑服务的设备对象发生了明显的变化，在低碳目标下，变电站建筑自身如何回应新的空间和环境需求，成为一项新的命题。

传统变电站节能设计大多仅关注建筑围护结构的保温隔热设计，未能就全生命周期低碳化进行系统性的讨论，导致变电站建筑未能充分利用室内外环境间的能量交互规律，且站内及周边低碳能源浪费严重。特别是装设有大量智能化设备的新型变电站，其环境保障和能耗特征发生较大的变化，新技术的应用对变电站建筑的要求也发生了变化，当前该领域缺乏相关节能标准及技术规范。因此需要通过优化围护结构性能和设备系统能效提升变电站减碳效益。

此外，变电站场站范围内也存在站内用能需求，光伏发电、“光储直柔”技术、高效能源转换利用技术、智能化调控及数字孪生等技术也可用于变电站，用于降低变电站的运行能耗和碳排放。众多的技术如何在变电站进行有效的集成应用，建立包含碳资产管理的变电站高效运维管理体系，对于进一步降低变电站碳排放具有重要的意义。

本书对变电站建筑本体、变电站照明、变电站通风及空调以及主要生产设备的设计、选型、安装、运行使用及其拆除全生命周期过程的碳排放进行了梳理，对智慧能源系统、智慧运营系统、碳资产管理等技术在变电站减碳的应用进行了分析，并针对各个环节的减碳技术进行了系统的整合。同时，提出并建立全生命周期系统减碳综合优化模型，对有限投入下变电站最大化低碳技术组合方案的方法进行了介绍。本书还提出了低碳变电站设计、建造、材料选择等方面的低碳要求，以全寿命周期综合减碳目标为建筑和设备系统的设计和运行提供支撑。

前言

本书由国网湖州供电公司赵水忠主编，由国网湖州供电公司袁慧宏统稿。国网湖州供电公司徐朝阳、蒋建杰、王宁、莫金龙等撰写了第一章、第二章内容，国网湖州供电公司袁慧宏、谭将军、刘俊、孙琦等撰写了第三章内容，国网湖州供电公司石宏、范殷伟、金烨和湖州电力设计院有限公司朱司丞、朱奕弢、赵崇娟、雷雨松、严雪莹、李佳丽、朱勋等撰写了第四章和第十一章第一节内容，国网湖州供电公司徐朝阳、王炜、范殷伟、韦舒天和浙江泰仑电力集团有限公司王华伟、马爱军、王平生、许伟、陈永炜、董建强、童伟婷、姚博文等撰写了第五章内容，国网湖州供电公司徐朝阳、石宏、金烨、丁瀚和中国能源建设集团浙江省电力设计院有限公司杨卫星、况骄庭等撰写了第六章内容，国网湖州供电公司高健、李凡、赵崇娟、王炜、王新伟、刘高明等撰写了第七章和第十一章第二节内容，国网湖州供电公司黄志华、陈家乾、杨力强、刘莹、闫亮和国网浙江省电力有限公司黄田青等撰写了第八章内容，国网湖州供电公司袁慧宏、席俞佳、石宏、范殷伟、韦舒天和国网浙江省电力有限公司屠锋等撰写了第九章内容，国网湖州供电公司袁慧宏、金建峰、许德元、何锋等撰写了第十章内容。

本书的编写获得了国网湖州供电公司张文杰、王昌、周贤富、楼平、翁时乐和国网浙江省电力有限公司黄世晅、蔡勇等专家审阅指导，国网电力科学研究院武汉能效测评有限公司王振宇、胡文博、齐蓓等为本书提供素材并协助审核，在此表示衷心的感谢。

由于低碳变电站建设及运营是一个交叉学科研究方向，所涉及的知识体系较为庞杂，有关研究资料较为有限，尽管编者尽了最大努力进行认知和实践的梳理总结，难免挂一漏万，书中存在疏漏之处，敬请广大读者批评指正。

目录

目 录

第一章　概　　述

随着变电站建设数量和规模日益增大，特别是随着新型电力系统构建的不断加快，变电站内智能化设备数量快速增加，变电站建筑服务的设备对象发生了明显的变化，在“双碳”目标下，变电站建筑自身如何满足新的空间和环境需求，成为一项新的命题。

变电站节能降碳的有效实行有利于电网企业提高经济效益和整体运行效率，降低行业总碳排放量。大容量发电机组和远距离高压输电线路的建设需要以大量变电站为传输节点。而要在考虑节能指标的同时又要使现代化电力设备的效率最大化，这就离不开现代化的建筑节能技术了。我国目前对能源以及电力的需求增长迅速，在今后很长一段时间内，我国节能降耗任务任重道远。电站项目具有类型少、总量大、增长快等特点，但尚未形成针对低碳变电站设计建设及运营的完善的技术体系，亟须完善变电站节能降碳相关标准或技术指南等，推动变电站全生命周期节能减碳技术大规模推广应用，助力我国早日实现“双碳”目标。

第一节　基于全生命周期的低碳变电站理念

变电站建筑的碳排放（简称“碳排”）持续整个生命周期，通常可分为设计阶段、建设阶段、运维阶段以及拆除阶段。研究表明，尽管低能耗的设计策略对降低建筑运行阶段的能源需求方面是有益的，但建筑物的整个生命周期其他阶段（材料的生产运输、建筑的建设和拆除）产生的隐含碳是不能被忽略的，隐含碳也被证明是影响建筑生命周期的重要因素。随着节能技术的应用的不断深入，尽管建筑运行阶段的能耗逐渐降低，但建筑中消耗更多的材料，隐含能源将相应占据更大的比重，并且全生命周期碳排放量可能会增加。有研究指出，在某些类型的建筑中，其隐含碳占全生命周期碳排放的比例可达 50%～70%，在某些零能耗建筑中甚至可以提高到 112%。因此，考虑全生命周期对变电站进行低碳设计是十分必要的。

在建筑碳排放计算技术标准方面，我国住房和城乡建设部在 2019 年颁布了《建筑碳排放计算标准》（GB/T 51366—2019）。该标准适用于新建、改建、扩建的民用建筑，而变电站属于电力行业专用工业建筑，可以参考该标准规定的碳排放计算方法和数据进行碳排放计算。基于该标准或其他建筑碳排放计算方法和模型，出现了一系列对特定建筑或某种类型建筑的碳排放进行研究的成果，较有代表性的包括国家游泳中心冰壶场改造减碳潜力计算，木结构建筑、预制装配混凝土结构建筑碳排放计算，商业建筑碳排放计算等。

国外在建筑碳排放计算方面较有代表性的成果是国际标准化组织的 ISO 16745 *Sustainability in buildings and civil engineering works—Carbon metric of an existing building during use stage*（《建筑与土木工程的可持续性——建筑使用阶段碳指标》）。该标准将全生命周期评价过程分为研究对象和范围确定、清单分析、碳排放量评估及结果解释 4 个步骤。

变电站碳排放计算的前提是明确全生命周期的范围。学界普遍将建筑全生命周期划分为生产阶段、运输阶段、建造阶段、运行阶段及拆除阶段 5 个阶段。由于温室气体种类众多，如二氧化碳（CO_2）、甲烷（CH_4）、一氧化二氮（N_2O）、氯氟烃（CFCs）、臭氧（O_3）、氢氟烃（HFCs）、全氟化合物（PFCs）等，且不同气体对温室效应的贡献不同，因此需要针对这种情况进行处理。主要的处理方法有两种：① 为简化计算过程，将温室气体排放统一折算为 CO_2 的数值；② 分别计算各温室气体排放量，然后按不同类型气体温室效应的贡献比例加权相加后，得到最终的碳排放量。

清单分析是建筑碳排放计算的基础，变电站全生命周期各阶段的碳排放量影响因素见表 1-1。生产阶段的碳排放与项目消耗的建材种类、数量和相应材料的碳排放因子有关。该阶段的清单可通过施工图纸计算并考虑损耗获得，也可通过实际工程用料清单获得。运输阶段的碳排放与项目建材重量、建材平均运输距离、运输工具耗油情况、用油的碳排放因子相关。该阶段的清单可通过模拟运输情况并考虑损耗情况获得，也可通过实际运输油耗清单获得。建造阶段的碳排放与机械设备类型、机械设备功率、机械设备加工总的工程量、机械设备用电的碳排放因子、机械设备用油的碳排放因子有关。该阶段的清单可通过现场施工计划中的器械使用情况获得，或者通过施工现场的用油、用电量获得，也可通过相似类型建筑施工计划估算。运行阶段的碳排放与建筑几何形态、房间围护结构构造、房间设备使用情况、用电的碳排放因子有关。该阶段清单通常由设计图纸获得，少数采用实际测量的方式获取。拆除阶段碳排放产生过程与建设阶段类似，该阶段清单既可根据施工图和拆除计划模拟获得，也可通过实际测算获得，也可按经验数据参考计算获得。

表 1-1　变电站全生命周期各阶段的碳排放量影响因素

生产阶段	运输阶段	建造阶段	运行阶段	拆除阶段
建材种类	建材重量	机械设备类型	建筑几何形态	机械设备类型
建材数量	建材平均运输距离	机械设备功率	房间围护结构构造	机械设备功率
建材碳排放因子	运输工具的耗油情况	机械设备加工总工程量	房间设备使用情况	机械设备加工总工程量

续表

生产阶段	运输阶段	建造阶段	运行阶段	拆除阶段
—	用油的碳排放因子	机械用电的碳排放因子	用电的碳排放因子	机械用电的碳排放因子
—	—	机械用油的碳排放因子	—	机械用油的碳排放因子

在施工准备阶段及设计阶段，可以采用低碳效用的多变电站选址方法。对于既有居住建筑维修与维护材料的选择，应以碳排放、造价和人力投入为主要控制目标进行优化分析。在生产建造阶段，需要关注建筑材料的生产工艺变革和新材料开发，如轻钢龙骨纤维水泥组合外墙板、免檩条一体化纤维水泥墙板等一系列装配式变电站墙板。由于施工过程的复杂性、相关计算方法仍旧不够完善。有研究表明，尽管预制构件的运输对装配式结构的减排有不利影响，但总体上仍可降低碳排放近 10%。在运行阶段，变电站的碳排放包括站用负荷耗能、电气设备自耗能、六氟化硫（SF_6）产生的碳排放、运维过程产生的碳排放等。在废弃物回收阶段，金属材料回收、混凝土制品再生以及生物质废料利用是目前的研究热点。钢材和铝材等金属材料通过回收再利用可实现生命周期减排 50% 以上。而现阶段，我国建筑垃圾的综合利用率不足 5%，处理方式相对单一，与欧美发达国家之间尚存在较大差距。

以变电站建筑为研究对象，目前对变电站的研究重点是变电站设备智能化和自动化问题，且自动化、智能化程度高，在实际项目中得到了广泛应用，取得了良好效果。变电站智能化使变电站实现无人值守，去除了建筑为人们提供的活动空间，继而缩小建筑面积。同时该建筑不需要考虑人体舒适度需求，只需要考虑设备最为基础的操作需求，减少环境控制设备操作能耗，利于变电站节能。变电站自动化和智能化在世界上最多已经有将近 50 年的发展历史，而且现在已经有比较成熟的技术，在美国、西欧、日本等地的著名电气研发企业在这方面已经取得了令人瞩目的成就。针对过程中的节能，对设备进行更低能量、更有效的研究，已成为国外有关变电站节能的一种研究动向。通过不断更新基础设备而令变电站更高效地工作来达到节能目的已成为国外某些发达国家变电站节能之路。

国内，在变电站建设的整个过程中落实绿色建筑理念，大力推广和应用低碳变电站得到了有关建筑设计单位、一线建设部门和各省级电网公司的重视。2022 年 5 月，国网连云港供电公司的连云港市赣榆区 220kV 梁丘变电站全电压等级开通，该变电站是连云港第一座绿色低碳示范变电站，开通后全站年降低碳排放 480t。将绿色低碳理念贯穿于新建变电站全流程、全领域，这是连云港电网工程建设领域内的第一次尝试，是促进“双碳”奋斗目标的实现和落实“能耗双控”各项要求的一次具体实践，对今后电网工程建设具有很好的示范作用。2022 年 5 月，浙江省第一个装配式超高性能混凝土（UHPC）框架结构新项目——浙江省余姚市凤山街道双河 110kV 变电站——开工建设。

双碳大背景下，越来越多的低碳变电站示范性建设项目引起了业界的关注，而通过对同一设计单位、建设单位及省级电网公司等建设项目部门的调查研究发现，目前低碳变电站的设计与施工的标准和规范存在空白，亟须颁布有关标准与规范来指导低碳变电站的设计与施工。

第二节　低碳变电站建设及运营方法

变电站的低碳化建设与运营，涉及变电站从设计、施工、运营到拆除的全生命周期。

1. 设计阶段

变电站建筑的选址、平面布局、综合绿化会间接影响变电站建筑全生命周期碳排放量。合理选址不但可以减少交通运输的碳排放量，也在很大程度上决定了对可再生能源的利用潜力；平面布局的合理设计可以影响室内热环境的控制模式，降低能源消耗，从而减少碳排放；绿化不仅可以美化环境，还可以吸收二氧化碳（CO_2），提高空气质量，进一步降低碳排放。因此，在编制建筑选址、平面布局及综合绿化方案时，应充分考虑减少碳排放的影响，为可持续发展作出贡献。

2. 施工阶段

变电站建设施工阶段产生的碳排放是全生命周期碳排放的重要组成部分，本书在讨论时，针对施工阶段的运输碳排放、施工现场碳排放、废弃物碳排放及施工碳汇这 4 个环节，指出了其碳排放的主要来源，并提出相应的控制措施，为变电站低碳化建设提供指导。另外，利用了定额的思想，介绍了施工阶段的碳排放计算方法，可作为衡量碳减排效果的评价依据。

3. 运营阶段

变电站因其承担电力转化输配的特殊功能，内部含有大量的电气化设备，同时，因其较高的热量散发，对环境控制设备也有较高的要求，变电站运营阶段的碳排放对于全生命周期碳排放而言占据主导地位。因此，采用先进的环境保障设备与技术，明确设备的碳排放，从而在满足环境保障需求的同时减少环境保障设备碳排放，是变电站建筑低碳运营的基础。另外，了解典型的变电站设备使用特点及其主要功能，并分析其碳排放及影响因素。能识别重点设备的运行状态，保障电气设备处在最佳运行状态，是变电站低碳化运行的关键。

4. 拆除阶段

随着电力系统的发展与迭代升级，变电站建筑的拆除也在不断进行。建筑拆除阶段作为全生命周期碳排放计算的最后一个阶段，其过程产生的碳排放对计算全生命周期碳排放量具有重要意义。因此，需要了解变电站拆除阶段的碳排放源，掌握其碳排放评估计算方式，另外，了解变电站拆除过程中，建筑材料及废旧设备的回收再利用方式，对于提升其碳排效益具有积极的作用。

5. 新技术应用

此外，“光储直柔”智慧能源系统、智慧运营系统、数字孪生与碳资产运营管理等新技术，具有突出的技术优势和显著的减碳效益，在变电站项目中受到越来越广泛的应用，值得重点关注。

第二章　变电站及其碳排放

本章主要介绍不同类型变电站的分类、变电站碳源碳汇、碳排放核算层级和方法及变电站碳排放清单，进一步明晰变电站的类型分类和碳排放的特点。

第一节　变电站分类

按照变电站的不同属性以及“低碳变电站”的特点，变电站的分类可以按照电压等级划分、电压升降划分、在系统中的作用划分、产权所属划分、建筑形式划分、自动化程度划分等6种方式，其具体分类如表2-1所示。

表2-1　　变电站分类及特点

分类方式	具体种类	按照作用划分属于类别	输电距离	备注说明
电压等级	1000kV变电站	枢纽变电站	输电距离可达3000～5000km	特高电压输电网中的变电站
	750kV变电站	枢纽变电站	输电距离可超过1200km	超高电压输电网中的变电站
	500kV变电站		输电距离可达150～850km	
	330kV变电站		输电距离可达200～600km	
	220kV变电站	中间变电站、区域变电站	输电距离可达100～300km	高电压输电网中的变电站
	110kV变电站	终端变电站	输电距离可达50～150km	高电压配电网中的变电站
	35kV变电站	终端变电站	输电距离可达20～50km	
	10kV变电站	配电站	输电距离可达6～20km	中电压配电网中的变电站
电压升降	升压变电站	枢纽变电站、发电厂变电站	由变电站电压决定	特高电压、超高电压输电网中的变电站
	降压变电站	区域变电站		高电压输电网中的变电站
		终端变电站		高电压配电网中的变电站
		企业变电站		高电压配电网中的变电站
在系统中作用	枢纽变电站	—	由变电站电压决定	特高电压、超高电压输电网中的变电站
	中间变电站	—	输电距离可达100～300km	高电压输电网中的变电站
	区域变电站	—	输电距离可达100～300km	高电压输电网中的变电站
	终端变电站	—	由变电站电压决定	高电压、中电压配电网中的变电站

续表

分类方式	具体种类	按照作用划分属于类别	输电距离	备注说明
产权所属	发电企业变电站	—	—	为升压变电站，将发电机发出的电能升压后馈送到高压电网中
	电网企业变电站	枢纽变电站	由变电站电压决定	特高电压、超高电压输电网中的变电站
		中间变电站	输电距离可达 100～300km	高电压输电网中的变电站
		区域变电站	输电距离可达 100～300km	高电压输电网中的变电站
		终端变电站	由变电站电压决定	高电压配电网中的变电站
	用户变电站	终端变电站	由变电站电压决定	高电压配电网中的变电站
建筑形式	户外式变电站	枢纽变电站	由变电站电压决定	特高压、超高压输电网中的变电站
	户内式变电站	枢纽变电站、中间变电站、区域变电站、终端变电站		超高压、高电压输电网中的变电站和高电压配电网中的变电站
	地下式变电站	枢纽变电站、中间变电站、区域变电站、终端变电站		超高压、高电压输电网中的变电站和高电压配电网中的变电站
	移动式变电站	终端变电站、配电站		高电压、中电压配电网中的变电站
自动化程度	有人值班变电站	与变电站类型没有直接关系	由变电站电压决定	有人值班有人值守
	无人值班有人值守变电站			无须大量的运行人员，工区的人员管理由分散型向集中型转变
	无人值班无人值守变电站			站内不设置固定运行维护值班岗位，运行监视、主要控制操作由远方主站完成
	智能化变电站			相对常规变电站，其信息传输通道可自检，可靠性高，便于实现管理自动化

第二节　变电站碳源碳汇

碳源指的就是碳储库中向大气释放碳的过程、活动或机制，如毁林、煤炭燃烧发电等过程。而碳汇恰恰相反，是指通过种种措施吸收大气中的二氧化碳（CO_2），从而减少温室气体在大气中浓度的过程、活动或机制。

根据变电站建筑生命周期的产品流，可将变电站建筑碳排放的来源分为 3 个层次：① 由于现场燃料燃烧而引起的直接碳排放；② 由于使用外购电力和热力等而计入的间接碳排放；③ 由于其他产业过程及服务所引起的间接碳排放。

一、直接碳排放

变电站建设和运营过程中各方的活动会消耗能源、资源，导致二氧化碳（CO_2）直接排放。变电站建筑全生命周期中直接排放的主要碳源汇总如图 2-1 所示。

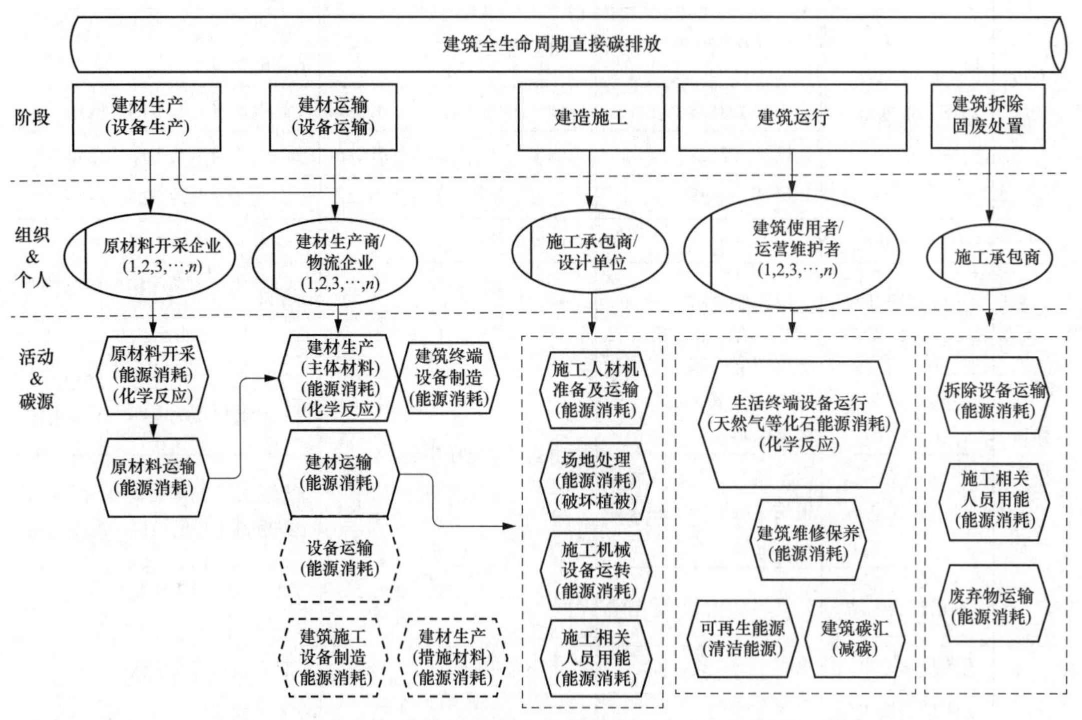

图 2-1　变电站建筑全生命周期中直接排放的主要碳源汇总

建材生产及运输阶段涉及诸多原材料开采企业，比如石灰石、黏土等水泥生产相关原材料开采企业，以及铁矿石等钢材生产相关原材料开采企业。原材料的开采燃烧化石能源，如柴油、汽油等，也可能会产生一些化学反应，从而导致直接碳排放。原材料由物流企业运输到建材生产企业，原材料运输机械使用的化石能源也导致直接碳排放。建材生产商通过各种机械设备将原材料制备成建筑材料，消耗各种化石能源；建材在生产的过程中也会伴随化学反应，这两种活动都直接导致二氧化碳（CO_2）排放。建筑材料由建材生产商或者物流企业运输到施工现场，建材运输机械使用的化石能源也导致直接碳排放。

建材（设备）制造及运输属于制造业，生产厂商众多，比较分散。但是企业是一个相对稳定的实体，其施工工艺相对比较固定，碳排放量化程序简单。依据抓大放小的原则，至 2015 年，国家发展改革委已经分 3 批发布了 24 个重点行业企业温室气体排放核算方法与报告指南，其中与建筑密切相关的企业包括钢铁、化工、电解铝、镁冶炼、平板玻璃、水泥、陶瓷等。在现有标准和学术研究中，针对建材生产（尤其是建筑所需主体材料）及运输的碳排放研究很多，但是在一定程度上忽略了建筑终端设备制造、建筑施工设备制造及其运输产生的碳排放。安装在建筑中的建筑终端设备，也构成了建筑的实体（如暖通空调设备、照明及电梯设备等），应该与建材具有同等的作用和地位，其生产制造阶段的直接碳排放也应该被计算。

建造施工阶段涉及诸多施工承包单位，其能源消耗活动基本限定在建筑工地范围内，相对比较集中。直接排放包括施工人、材、机准备及运输、场地处理、施工机械设备使用、施工相关人员用能等活动所需化石燃料燃烧导致的碳排放。建造施工是以项目为单位的临时性活动，建造施工阶段的碳排放受到施工方案等的影响比较大，施工过程中的不确定性因素也比较多。建筑拆除阶段相关企业及其活动与建造阶段具有类似的性质。

建筑运行阶段涉及众多的建筑使用者和建筑维修保养企业（如物业管理公司）。以民用建筑的使用者为例，使用者生活习惯与用能习惯会直接影响能源消耗量，如居住者的活动是通过燃烧天然气等化石能源提供热水、烹饪等，则会导致直接碳排放。建筑运行阶段如果使用清洁能源会达到降碳的效果；建筑绿地会带来碳汇，也降低碳排放。

二、间接碳排放

在变电站建筑全生命周期内，直接碳排放与间接碳排放的界定是：变电站建筑相关的企业或个人是否直接拥有或能否直接控制排放源所产生的碳排放。因此，直接碳排放和间接碳排放是一个相对概念。在变电站建筑物全生命周期内，由于供需关系，前一个阶段的碳排放（包括直接碳排放和间接碳排放）会作为后一个阶段的间接碳排放。以变电站建筑物形成的主要阶段——建筑建造阶段为例，建筑施工总承包企业的直接和间接碳排放来源如图 2-2 所示。在建筑施工、现场办公、仓储及维修等活动中，建筑施工总承包企业除了直接消耗化石能源直接产生碳排放外，还需要消耗其他能源和资源从而间接导致碳排放。施工企业对建筑材料、建筑设备及工器具、施工设备、电力、热力、水资源等的消耗不会直接伴随二氧化碳（CO_2）的产生，但是建筑业 / 施工企业对这些能源、资源的需求导致的其他生产活动，会间接导致碳排放。

以建材生产及运输为例，其碳排放应该归属制造业。从变电站建筑全生命周期角度来说，建筑原材料、半成品及构配件是建筑建造的必备元素，因此将建材生产及运输阶段的碳排量作为建筑材料内含碳排量计入建筑物建造过程的间接碳排放。材料组成了建筑的实体，并且碳排放占比很大。为了降低碳排放，从建筑设计的角度，应该强调使用低碳化的建材和低碳化地使用建材。在《夏热冬冷地区高大空间公共建筑低碳设计研究》

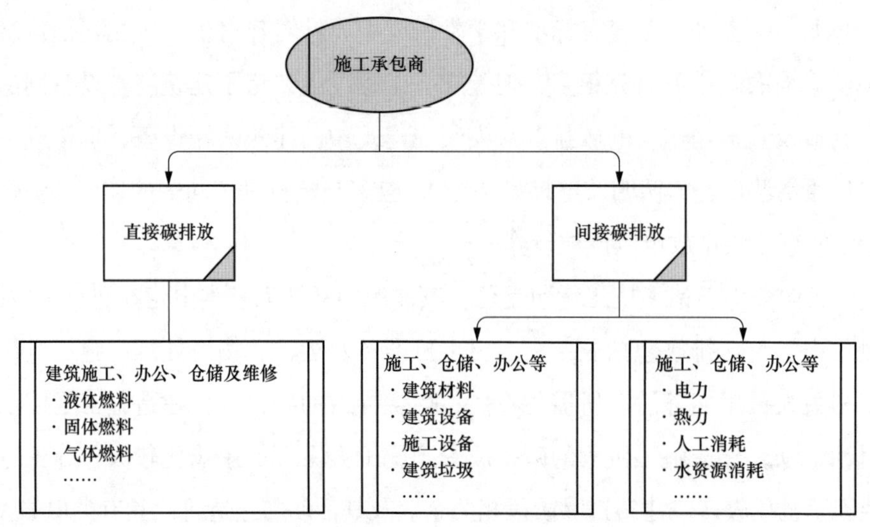

图 2-2　变电站建筑施工总承包企业的直接和间接碳排放来源

文章中作者刘科针对夏热冬冷地区高大空间公共建筑构建了以碳排放指标为效果导向的建筑低碳设计方法。通过对可再生能源、被动式空间调节、主动式节约技术、绿植碳汇系统、绿色低碳建材和低碳施工等方面的 17 项具体设计优化措施的碳排放结果模拟和对比分析，得出低碳化使用建材带来的减排贡献率可达 67%。因此，建造施工阶段不仅要关注低碳化的施工，同时需要强调使用低碳建材，对建造施工的前阶段（如设计阶段）提出低碳建材的要求。

建材本身的碳减排还需要依靠其他行业的低碳化来间接促进，包括建筑材料来源生产产业以及能源供给产业。所有产业的低碳化进程中最为核心的手段都是通过生产技术和工艺的发展进步。但是行业的技术革新和普及都是长期过程，要在短时间内从已有常用建材的生产源头去进行大幅度的减排是比较困难的。因此，此阶段的减排思路应该从改变使用建材本身的能耗性能和寻找更加绿色低碳的可替代材料两个方面着手。对应到建造施工阶段，变电站建筑施工工艺和技术手段的进步会相应地使能源使用效率提高，从而产生部分减排效益。合理并优化措施性材料的使用和提高周转性材料的使用均可以降低措施性材料的消耗，降低碳排放。

基于以上分析，从变电站建筑全生命周期碳排放的角度，建筑业需求间接导致的碳排放也需要受到重视。类似的原理，针对变电站建筑所需设备及工器具，如电梯、暖通空调等，现阶段的建筑碳排放计算均只计算其运行所需能源及电力消耗导致的碳排放，但是均未考虑其制造及运输阶段产生的碳排放。这些设备及工器具也是建筑必不可少的元素，缺少这些内容，建筑无法运行或者适用性、舒适性会降低。因此，应逐步将其纳入建筑全生命周期碳排放的计算中。

三、变电站碳汇

变电站碳汇指的是通过某些机制措施抵消或者中和变电站所产生的碳排放。2021 年，全国碳市场的启动，根据《碳排放权交易管理暂行条例（草案修改稿）》的规定，国家鼓励企业、事业单位在我国境内实施可再生能源、林业碳汇、甲烷利用等项目，实现温室气体排放的替代，重点排放单位可以购买经过核证并登记的温室气体削减排放量，用于抵销其一定比例的碳排放配额清缴。按照上述规则，变电站碳汇主要包括以下 3 个方面。

1. 变电站绿地碳汇

绿地作为基于自然的解决方案的重要策略之一，对减缓气候变化、实现“碳达峰”及“碳中和”具有积极的作用。地依托植物光合作用将大气 CO_2 直接固定于绿地碳库。绿地植物固碳能力主要依赖于植被类型及其叶面积、生长模式和生物量密度。研究表明，拥有更大叶面积、更高生物量、更长寿命的木本植物碳固定效应贡献更大；非木本植物如草本植物虽然固碳效率高，但其生长周期短（多为 1～2 年生植物），且由于人为修剪、更换频率高，很难有效发挥碳固定效应。植物群落物种类型结构特征对木本和草本植物的生长速度、物候特征、凋落物产量和质量、抗病虫害能力等产生不同程度的影响，故会影响绿地固碳能力。优化物种组合类型将最大程度促进物种间互利共生效应和削弱物种间的竞争，充分发挥植物群的固碳整体效益。因此，采用低碳为目标的绿地营建措施，可以增加绿地碳汇量。比如通过植物种类树种和草种的选择、不同植物类型的组合结构优化等方式增加绿地碳汇。

2. 变电站光伏、风电等可再生能源抵消碳汇

各类主体安装并运行分布式光伏、小型风电发电系统属于碳普惠行为，光伏发电所产生的二氧化碳（CO_2）减排量可以在申请碳普惠核证自愿减排量（PHCER）后通过碳交易出售，或者用于抵消自身的碳排放。据测算，100MW 的光伏项目每年可以开发出国家核证自愿减排量（CCER）11 万 t CO_2e，全生命周期内最多可以开发 21 年，全生命周期内最多可以开发出 CCER 231 万 t CO_2e。

3. 通过经济手段购买碳排放配额

我国的碳交易市场主要有两种类型：① 政府分配给企业的碳排放配额；② 国家核证自愿减排量（CCER）。CCER 是根据《温室气体自愿减排交易管理暂行办法》的规定，经国家发展改革委备案，并在国家注册登记系统中登记的温室气体自愿减排量，单位是“吨二氧化碳当量（tCO_2e）”，变电站主体通过 CCER 交易购买 CO_2 配额实现减排。CCER 可以看作是对碳排放配额交易的一种补充。在每年的履约季，超额排放的企业如果想避

免处罚，除了可以向拥有多余配额的企业购买碳排放权以外，还可以购买一定比例的CCER，来等同于配额进行履约。

第三节　碳排放核算层级和方法

进行碳排放分析的一个有效途径是计算碳足迹。碳足迹是度量某种活动所产生的二氧化碳（CO_2）排放量，包括了直接与间接的碳排放量，产生的CO_2量越大，碳足迹就越大，对环境影响则越大。碳足迹计算涵盖所研究的活动从头到尾的整个过程，即整个生命周期。变电站碳排放分析通过计算碳足迹，可直观地衡量其生命周期的碳排放，明确变电站主要的碳排放源，有助于选择合适的减排措施。

一、我国碳排放核算层级的分类

明确碳排放核算所涵盖的气体和主要排放源之后，如何量化碳排放就成为实现“双碳”目标的关键。碳排放核算在不同层面上的方法是不一样的，所考虑的范围和关注的重点也有差异。

1. 国家层面碳排放计算

按照《联合国气候变化框架公约》（UNFCCC）有关会议的决议（FCCC/CP/1999/7），缔约方应利用《1996年IPCC国家温室气体清单指南（修订版）》，对《蒙特利尔议定书》未予管制的温室气体人为排放源和汇进行计算，提出用温室气体全球增温潜势（GWP）来衡量各国温室气体总排放量。2013年，联合国第9次气候变化峰会要求UNFCCC附件一所列缔约方使用《2006年IPCC国家温室气体清单指南》，并鼓励使用《2006年IPCC国家温室气体清单指南的2013年补充版：湿地》，并使用《IPCC第四次评估报告》提出的温室气体100年全球增温潜势。在《巴黎协定》（The Paris Agreement）全球气候治理体系下，非附件一缔约方将于2024年全面启用《2006年IPCC国家温室气体清单指南》计算各国国家温室气体清单，提交连续的年度温室气体排放清单。目前，最新的国家温室气体清单指南是IPCC组织全球科学家对2006年指南进行修订和完善后的《2019年精细化2006年IPCC国家温室气体清单指南》。IPCC 2006年指南涵盖了人为“碳”排放的主要源，并充分考虑了部门之间的交叉、重复，给出了解决跨部门的交叉、重复的计算和报告方法，以避免重复计算和漏算。

2. 省级层面碳排放计算

中国是《联合国气候变化框架公约》首批缔约方之一，属于非附件一缔约方，需提交国家信息通报，目前中国第三次国家信息通报以及两年更新报告工作正在开展。为了进一步加强省级温室气体清单编制能力建设，国家发展改革委气候司组织多个单位的多位专家在编制国家温室气体清单工作的基础上，参考《IPCC 指南》相关核算方法理论，编制出《省级温室气体清单编制指南》（简称《省级指南》），并在广东、湖北、天津等 7 个省（直辖市）进行试点编制。省级温室气体清单是对省级区域内一切活动排放和吸收的温室气体相关信息的汇总清单。

与其他国际上的温室气体清单编制指南相比，《省级指南》更适合我国在进行区域温室气体清单编制的工作时使用。主要表现在，《省级指南》对于温室气体核算所使用的碳排放因子与《IPCC 指南》中推荐的默认排放因子不同。《省级指南》中给出的碳排放因子是针对我国国情进行修改，更加符合我国能源消耗结构的具体情况。即使是没有给出具体碳排放因子的情况，《省级指南》给出的计算碳排放因子所需的具体数值以及核算步骤也更符合我国国情。比如，《省级指南》中的化石燃料碳氧化率有具体针对不同部门的不同的氧化率，而《IPCC 指南》中的碳氧化率则全部统一视为完全燃烧的情况，不具针对性。因此，《省级指南》完全是针对我国具体国情而编制的清单指南。

3. 行业企业层面碳排放计算

2013 年，国家发展改革委出台了首批 10 个行业的企业温室气体排放核算方法与报告指南，并开始试行，之后又于 2014 年年底以及 2015 年年中分别出台了第二批总共 4 个行业和第三批总共 10 个行业的企业温室气体排放核算方法与报告指南。历经两年多的时间，先后共公布了 24 个行业的企业指南（简称《行业指南》），凸显了国家为落实《“十二五”规划纲要》《“十二五”控制温室气体排放工作方案》中提出的建立温室气体统计核算制度，构建国家、地方、企业三级温室气体排放核算工作体系，实施重点企业直接报送温室气体排放数据制度，建立全国碳排放权交易市场等重点改革任务的决心。

该系列行业企业指南依据每个标准的不同，适用于不同行业的企业或者其他独立核算的法人组织，企业需要核算和报告在运营上有控制权的所有生产场所和设施产生的温室气体排放。该系列指南的行业分类是依据我国国民经济行业分类，每个行业指南中都给出相应的适用范围，供核算企业参考，且针对国内具体行业的特点给出了温室气体核算注意事项说明，因此该系列指南更加适应我国国情，是专门针对国内行业企业的温室气体核算指南。

二、碳排放的计算方法

碳排放的计算方法主要有生命周期法、过程分析法、投入产出法等。

1. 生命周期法

在 ISO14040 系列标准中，将生命周期评价（Life Cycle Assessment，LCA）定义为：对一个产品系统的生命周期中输入、输出及其潜在环境影响的汇编和评价。值得注意的是 LCA 的定义与应用是比较灵活的。如国际环境毒理学和化学学会（SETAC）将全生命周期评价定义为：一种通过量化和识别产品、生产工艺及活动的物质、能量利用，以及环境排放而进行环境负荷评价的过程。实际上，产品或技术的生命周期指从摇篮到坟墓（Cradle to Grave）的整个时期，涵盖了原物料的获取及处理，产品制造、运输、使用和维护，到最后收回或是最终处置的所有阶段。生命周期评价会考虑所有产品相关产业中使用的能源和材料，并计算出对环境的排放量，进而评估对环境的潜在影响（包括能源使用、资源的耗用、污染排放等），最终目的是记录并改善产品对环境的负面影响。通过这种系统的观点，可以识别并尽量避免整个生命周期各阶段或各环节的潜在环境负荷发生转移。

根据上述定义与内涵，生命周期评价具有以下特点。

（1）聚焦性。LCA 以环境为焦点，关注产品系统中的环境因素与环境影响，通常不考虑经济和社会因素及其影响，但 LCA 可通过与其他方法结合实现更广泛的评价。

（2）反复性。LCA 是一种反复的技术，其每个阶段都使用其他阶段的成果。

（3）整体性。LCA 对研究对象的评价范围必须是一个完整的过程，应尽量做到不缺少环节。

（4）关联性。产品系统的各组成和过程之间存在密切的相互关联及相互制约关系。

（5）结构性。需根据研究对象在不同阶段的环境影响特征表现，具体分析各阶段的资源、能源消耗及环境负荷的特点和关键路径。

（6）动态性。充分考虑研究对象以及其生产工艺流程等的特征变化，使用适宜的、合理的量化与分析研究方法，动态调整评价过程中的思路和方法。

（7）定量化。LCA 是一种以量化指标计算为基础的评价方法。

2. 过程分析法

基于过程的碳排放计算方法指依据碳排放源的活动数据和相应单位活动水平的碳排放因子实现碳排放量化计算的方法。该方法也常常称作“排放系数法”“过程分析法”等。过程分析法的基本原理可用“碳排放量 = 活动数据 × 碳排放因子”来表述。

在产品系统的碳排放计算中，通常可定义某一功能单位为计量标准，然后利用产品系统的过程流程图（Process Flow Diagram，PFD）来描述在系统边界内的产品流，最终根据各产品及单元过程活动水平与相应碳排放因子完成计算分析。

值得注意的是，大多数产品系统往往会涉及多种产品流的输入或输出（主要产品和附属产品），需要考虑碳排放计量结果在不同输入、输出间的分配问题。

另外，对于各单元过程间有交互的原材料或能量流，按照 PFD 进行简单的分析还将有可能产生循环计算问题，增加了计算的难度。比如，钢材生产时需利用各种设备，而这些设备又需要利用钢材制造，且其使用寿命是有限的，因此从完整的生命周期系统边界考虑，钢材生产碳排放的计算，如考虑设备的损耗、折旧就会产生复杂的循环计算问题。

3. 投入产出法

投入产出分析（Input-Output Analysis）是研究经济系统中各部分之间投入与产出的相互依存关系的数量分析方法。具体来说，是在一定经济理论指导下，通过编制投入产出表，建立相应的投入产出数学模型，综合系统地分析经济系统中各部门、产品或服务之间数量依存关系的一种线性分析方法。这里所指的经济系统既可以是宏观的国民经济、地区经济、部门经济，也可以是公司或企业经济单位。

投入产出分析的基本内容主要是编制投入产出表，并在此基础上建立相应的线性代数方程体系（投入产出模型）。通过建立投入产出表和模型，当分析国民经济问题时，能够清晰地揭示经济系统中各部门、产业结构之间的内在联系；特别是能够反映各部门在生产过程中的直接与间接联系，以及各部门生产与消耗之间的平衡关系；当用于某一部门时，能够反映该部门各类产品之间的内在联系；当用于公司或企业时，能够反映其内部各工序之间的内在联系。

近年来，通过在投入产出模型中引入能源或环境流量，使得该方法被广泛应用于行业层面的能源与环境问题分析。由于投入产出分析法可根据投入产出表考虑各部门间的生产关系，从而可捕获整个产业链的碳足迹，避免了基于过程的计算方法存在截断误差的问题。然而，受“纯部门”假定与部门划分数量的限制，该方法仅能以部门平均生产水平估计相应的碳排放量。此外，投入产出法关注的是部门产品的生产关联，无法直接用于估计产品系统全生命周期中使用阶段和废弃处置阶段的碳排放量。

由于过程分析法按照 PFD 进行简单的分析将有可能产生循环计算问题，从而增加了计算的难度；投入产出法无法直接用于估计产品系统全生命周期中使用阶段和废弃处置阶段的碳排放量；同时，由于生命周期法具有聚焦性、反复性、整体性、关联性、结构性、动态性、定量化等特点。因此分析计算变电站的碳足迹适宜采用生命周期法。

第四节 变电站碳排放清单

一、阶段划分

建筑生命周期（Building Life Cycle）是指从建筑原材料开采到建筑拆除处置的全过程，一般包括：① 原材料开采与运输；② 材料、部品部件、建筑设备（以下简称“材料”）生产与加工；③ 材料的场外运输；④ 建筑现场施工、安装与装饰装修；⑤ 建筑运行、维修、维护与加固改造；⑥ 建筑拆除、废弃物处置。

采用建筑生命周期法进行碳排放计算时，对上述各过程所属阶段的划分有多种方式，见表 2-2。

表 2-2 建筑生命周期的阶段划分

序号	阶段划分	阶段总数
1	建筑上游、建筑下游	2
2	建造阶段、运行阶段	2
3	材料生产、建筑施工、建筑拆除	3
4	建筑物化、运营维护、拆除处置	3
5	建筑建造、建筑运行、建筑拆除	3
6	生产、建造、运行、处置	4
7	原料开采、材料生产、建筑施工、使用与维护、拆除与处置	5
8	材料准备、建筑施工、建筑运行、建筑拆除、废弃物处理与回收	5

《建筑碳排放计算标准》（GB/T 51366—2019）从计算方法的一致性角度，将建筑生命周期分为 3 个阶段，即：① 运行阶段；② 建造及拆除阶段；③ 建材生产及运输阶段。然而，目前国内外学者及国际标准（如 EN 15978，2011）大都从建筑生命周期各阶段的时间顺序与活动特性将其分解为生产阶段、建造阶段、运行阶段及处置阶段 4 个阶段。生产与建造阶段是建筑物的诞生与形成过程，也常统称为物化阶段（Materialization Stage）；运行阶段是建筑物功能的实际体现，一般认为其是传统建筑碳排放的主体；而处置阶段代表了建筑物寿命的终止。为便于理解建筑生命周期的组成与各阶段之间的联系，以下章节内容按生产、建造、运行、处置 4 阶段划分进行讲述。

二、系统边界确定

建筑生命周期是包含多样化产品（服务）流与单元过程的复杂产品系统。受研究目标、数据可获取性与计算复杂度所限，建筑碳排放计算不可能完整考虑所有碳排放源与汇。因此，需要在碳排放计算前对系统边界做合理、可靠的简化与决策。

根据碳排放计算目标的不同，建筑生命周期的系统边界可分为“从摇篮到工厂（Cradle to Gate）”“从摇篮到现场（Cradle to Site）”和“从摇篮到坟墓（Cradle to Grave）”等几类。“从摇篮到工厂”的系统边界包含原材料开采到建筑材料或部件成品离开工厂为止的上游过程；“从摇篮到现场”的系统边界在前者的基础上，增加了建筑材料与部件运输、建筑现场施工与吊装，以及施工废弃物处理等过程；而“从摇篮到坟墓”的系统边界在前两者的基础上，考虑了后续建筑运行、维护和拆除处置过程，即通常意义上的全生命周期评价。

1. 生产阶段

首先原材料被开采并运输到材料生产厂，然后工厂进行材料的生产与加工，完成养护、储存与包装等工作，并将工厂生产的材料与构件运送至施工现场；对于装配式建筑，这一阶段还会在工厂中完成预制构件的制作。该阶段主要的产品流为原材料、能源的输入及材料、构件的输出。值得注意的是，钢材、水泥、木材、玻璃等材料生产的碳排放在相应的生产、加工及运输等环节中产生，并不是在建筑物现场产生，而是由于消耗了材料间接计入了这些材料的生产及运输碳排放，因此，从消费者视角，生产阶段的碳排放对于建筑物来说属于间接碳排放。

2. 建设阶段

将运送至施工现场的材料与构件，通过现场加工、施工安装等工程作业，建设形成建筑物。在这一阶段中，除各类复杂施工工艺（如混凝土浇筑、钢筋加工、起重吊装）的能源及服务使用外，临时照明、生活办公等用能亦不可忽略。该阶段主要的产品流为材料、构件、能源及服务的输入，以及建筑物与施工废弃物的输出。

3. 运行阶段

运行阶段主要工作是变电站的运维、维修，该阶段碳足迹来源于变电站内 SF_6 设备修理与退役过程产生的排放，变电站制冷、采暖、通风、照明、建构筑物维修的能源消耗，以及变电站内绿色植物的碳抵消。

4. 处置阶段

建筑物被拆除并进行大构件的破碎，将拆除废弃物运输至指定位置后，进行建筑场地的平整，而废弃物被进一步分拣，其中可回收材料用于再加工、再利用，不可回收的材料被填埋或焚烧处理。该阶段主要产品流为能源、服务的输入，以及建筑废弃物和再生资源的输出。

5. 小结

需要说明的是，尽管以上 4 个阶段总体上描述了建筑生命周期的全过程，但仍存在未纳入系统边界的产业上下游环节。比如，上游产业及服务中，能源的生产、储存与配送，施工的人力资源投入，以及市政基础设施利用、交通道路维护等；下游产业及服务中，再生材料与能源的加工与利用、各阶段废弃物的回收处理。此外，即便在所定义的系统边界内，由于建筑产品系统自身的复杂性，亦难以毫无遗漏的考查各阶段中所有单元过程与产品流，为建筑碳排放计算的系统边界定义带来困难。

为此，国内外学者提出可以根据建筑碳排放计算的时间范围、空间尺度和技术目标，建立分级式的系统边界。变电站建筑碳排放计算的分级系统边界如图 2-3 所示。

（1）以时间范围为界，在生产、建造、运行及处置 4 个基本阶段的基础上，考虑产业上游与产业下游环节，扩展为 6 个阶段。

（2）以空间尺度为界，将系统边界分为主体结构、单体建筑、建筑小区，以及城乡建筑群与区域建筑业等尺度。

（3）以技术目标为界，将系统边界分为“考虑全部因素”“考虑关键因素”“考虑差异化因素”3 个级别，分别适用于全面的建筑碳排放估计与核算、建筑碳排放水平及减排潜力的一般性分析、不同设计与技术方案的碳排放对比与优化。

三、清单数据收集

根据建筑生命周期系统边界的定义和碳排放来源分级，可将建筑生命周期碳排放计算需要的清单数据分为能源、产品和服务 3 类。其中，能源可根据生产方式分为一次能源和二次能源，或根据消耗途径分为机械能耗和运行能耗（材料生产能耗一般包含在产品的碳排放因子内）；产品主要包括材料、构件等；而服务包括但不限于运输、废弃物处理、能源生产、人力投入等。变电站建筑碳排放的清单数据需求如图 2-4 所示。

根据数据收集的主要目标，变电站建筑生命周期碳排放的清单数据分析应包含图 2-4 中的主要内容。

1. 能源清单

（1）按生产方式划分，常用的一次能源包括煤炭、石油、天然气、风能、太阳能等；而二次能源包括电力、热力、焦炭、燃油、煤气等，需要搜集的清单数据包括能源使用量及相应的碳排放因子等。一次能源中，煤炭和天然气主要用于建筑供热和炊事活动，石油一般很少直接使用，需要在提炼加工成各类燃油后使用；风能和太阳能等可再生能源通常被转化为电力和热力在节能建筑中使用，并可考虑能源替代的减碳量。二次能源中，电力是建筑生命周期各阶段应用最广泛的能源，热力主要用于集中供暖地区，燃油主要用于施工机械的运行，煤气主要用于炊事、生活热水等。

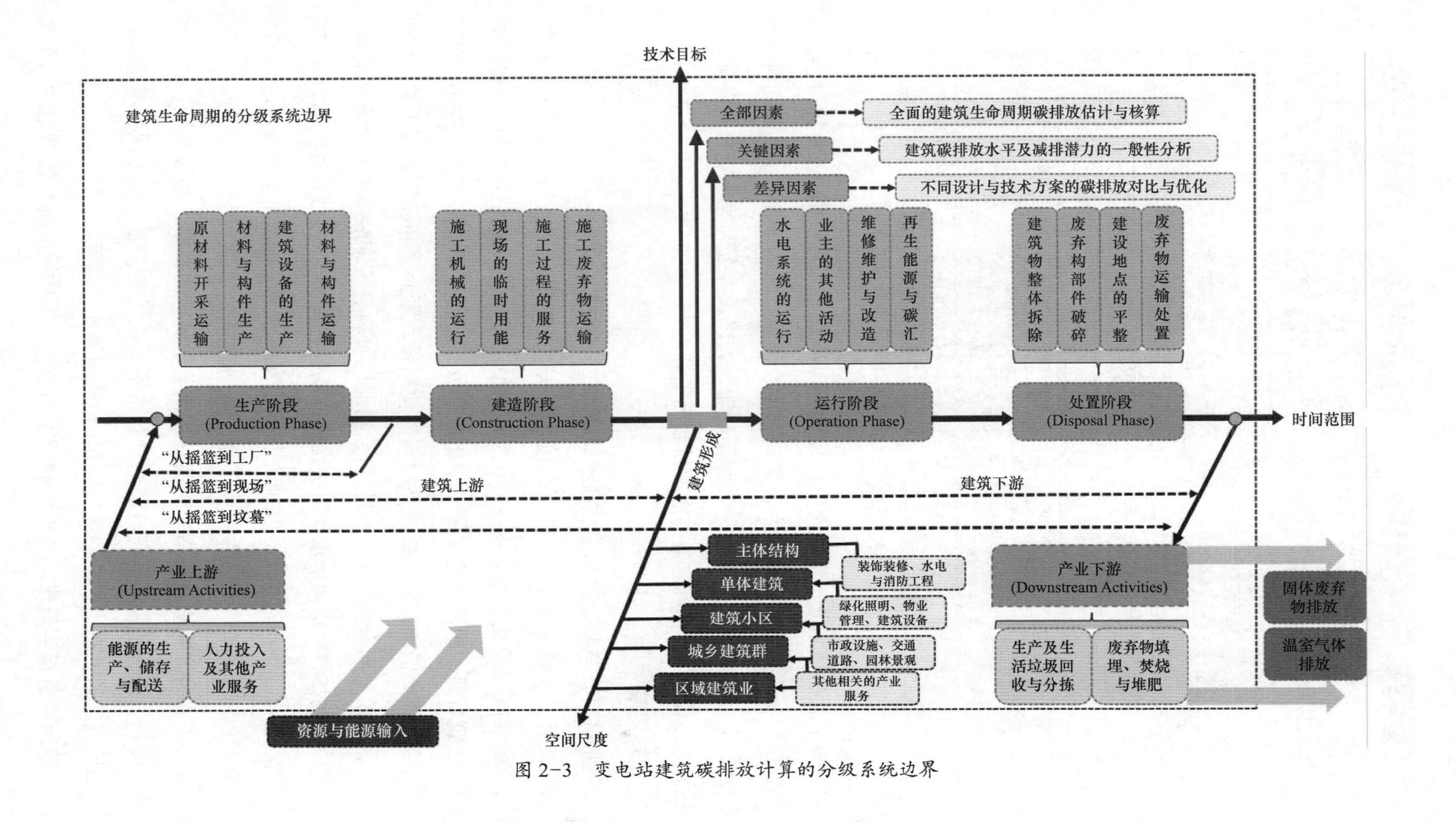

图 2-3 变电站建筑碳排放计算的分级系统边界

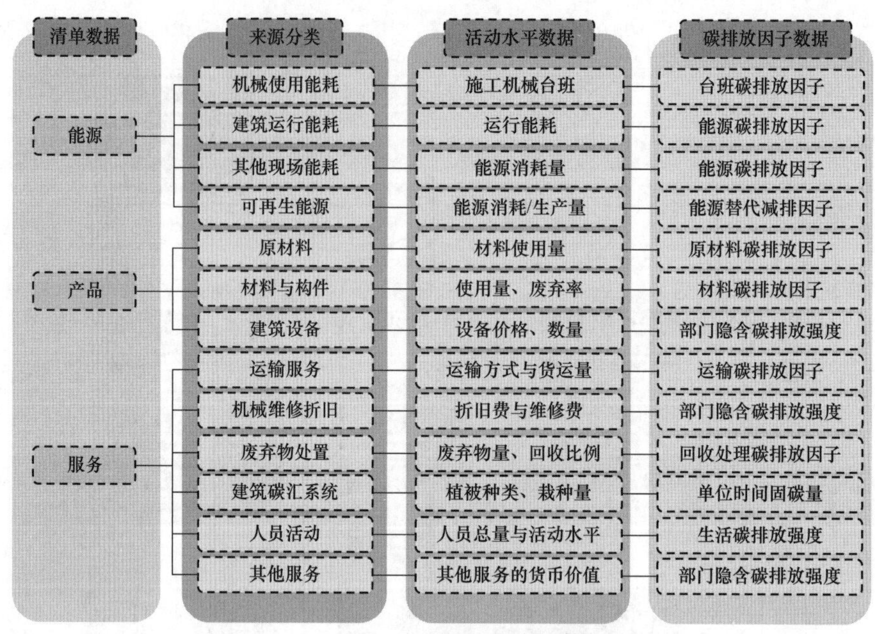

图 2-4　变电站建筑碳排放的清单数据需求

（2）按消耗途径划分，机械使用能耗来自现场施工、维修维护及拆除过程，需搜集的清单数据包括施工机械台班、台班能耗强度、能源排放因子等；建筑运行能耗包含维持建筑运行必备的供电、照明、采暖和制冷能耗，以及办公与家用电气设备能耗，所需清单数据包括设备运行能耗总量与能源排放因子等。

2. 材料清单

（1）原材料是材料、部品部件生产的基础，包括水、黏土、砂石、木材、石灰石、石灰和石膏等。一般来说，原材料可直接开采获得，或来自工业生产的废料（如粉煤灰、矿渣）。原材料需搜集的清单数据主要包括材料使用量、开采能耗强度及碳排放因子等。

（2）建筑材料、构件是建筑的基本组成部分，材料生产是建筑隐含碳排放的主要来源。材料需搜集的清单数据主要包括材料的使用量、废弃率和碳排放因子等。根据用途不同，可将建筑材料分为主体结构材料、功能性材料、装饰装修材料和辅助性材料等。其中，主体结构材料指结构承重与围护结构体系的材料与构件，如钢材、水泥、混凝土、砖与砌块、木材、预制构件等；功能性材料指实现通风、采光、防水、保温、给排水、供电照明等建筑基本功能的材料，如门窗、防水卷材、保温材料、水电管材、散热器、电线、灯具等；装饰装修材料指用于实现建筑美学要求的材料，如装饰性石材、各类板材、油漆涂料、抹灰砂浆等；而辅助性材料指主要在运输、施工等过程中起辅助作用的材料，如模板、脚手架、支撑支护、围挡、包装与绑扎材料等。

（3）建筑设备指实现建筑基本功能所需的水电与消防设备等，需搜集的清单数据主要包括设备价格、数量和设备生产部门的隐含碳排放因子等。

3. 服务清单

（1）运输服务涉及建筑生命周期的各阶段，包括铁路运输、公路运输、水路运输、航空运输等各种方式。运输服务需搜集的清单数据主要包括运输方式、货运量和运输碳排放因子等。

（2）机械设备维修与折旧主要与施工、维修维护及拆除过程有关，需要搜集的清单数据包括机械台班、台班折旧费与维修费，以及机械生产与维修部门的隐含碳排放强度等。

（3）废弃物来自建筑生命周期的全过程，相应的处置服务主要包括废弃物分拣、不可再生废料的填埋或焚烧处理，以及可再生材料的回收再利用等。由于可再生材料经生产、加工后被应用于其他工程或生产环节，为避免重复计算，一般来说不计入所研究建筑的系统边界。废弃物处置服务需要搜集的清单数据主要包括废弃物回收量、不可再生废料的比例、废料分拣与回收处理的能耗与碳排放强度等。

（4）建筑碳汇系统可通过绿化植被的光合作用实现生物固碳，需要搜集的清单数据包括植被种类、栽种量、单位时间的固碳量等。

（5）建筑业是劳动密集型产业，部分学者认为应在建造阶段考虑人员生活的间接碳排放。需要搜集的清单数据包括施工人员数量、工作时间、人均生活碳排放强度等。

（6）对于其他上下游产业服务，受限于获取途径与成本，可仅收集相应服务的货币价值与部分隐含碳排放强度等清单数据。

四、碳排放因子数据库

国内 LCA 基础清单数据库主要有中国生命周期基础数据库（Chinese Life Cycle Database，CLCD），此外还有专门针对碳排放因子建立的数据库，典型的有中国碳核算数据库（China Emission Accounts and Datasets，CEADs）和中国产品全生命周期温室气体排放系数集（2022 年）等。

1. 中国生命周期基础数据库（CLCD）

CLCD 是由四川大学建筑与环境学院和亿科环境共同开发的中国本地化的生命周期基础数据库，数据主要来自行业统计与文献，代表中国市场平均水平。该数据库可为基于 LCA 方法的产品环境报告与认证（如产品碳足迹、水足迹、EuP/ErP 生态档案、Ⅲ型环境声明等）和基于 LCA 方法的产品改进（如节能减排技术评价、生态设计、清洁生产审核、供应链管理、产业政策等）提供中国本地化的 LCA 基础数据支持。CLCD 是中国国内目前较为完善的 LCA 数据库，获得世界资源研究所认可，应用较为广泛。在亿科环境开发的 LCA 软件 Balance 中可以直接调用该数据库。Balance 软件中的清单数据库管理器如图 2-5 所示。

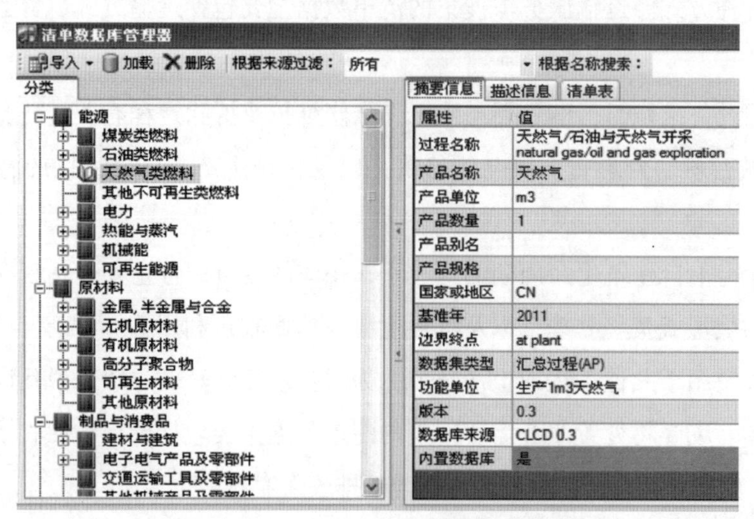

图 2-5　Balance 软件中的清单数据库管理器

CLCD0.8 数据库共包含 600 多个单元过程和产品的清单数据集，并仍在不断扩展。CLCD 数据库中涵盖的建材产品种类见表 2-3。

表 2-3　　CLCD 数据库中涵盖的建材产品种类

分类	建材产品
无机非金属	水泥、混凝土、石灰、砂石、石膏、平板玻璃、墙体砖、瓷砖等
钢材	普通碳钢的板材、管材、线材、棒材、型材、镀锌板、铁合金和不锈钢等
有色塑料及涂料	电解铝、电解铜，聚乙烯、聚苯乙烯、聚氯乙烯等常用树脂，苯乙烯、丙烯酸、丙烯酸丁酯、甲基丙烯酸甲酯、乙烯、丁二烯等溶剂单体，重钙、钛白粉等填充材料，以及水性涂料产品等

CLCD 数据的收集过程区分进口部分与国内生产部分，进口原材料采用 Ecoinvent 数据库对国外生产过程建立计算模型；国内生产部分按工艺技术和企业规模分别收集数据并计算。然后根据中国的市场份额加权平均，得到代表中国市场平均水平的数据。

2. 中国碳核算数据库（CEADs）

CEADs 是在国家自然科学基金委员会、科技部国际合作项目及重点研发计划、英国研究理事会等共同支持下，聚集近千名中外学者以数据众筹方式收集、校验，共同编纂的中国多尺度碳排放清单。该数据库旨在为中国实现绿色发展、低碳发展提供坚实理论依据和技术支持，为中国控制温室气体排放的政策设计与实施作出贡献。

CEADs 包括能源及二氧化碳（CO_2）排放清单、工业过程碳排放清单、排放因子、投入产出表等 9 个模块，如图 2-6 所示。能源及二氧化碳排放清单模块展示了自 20 世纪 90 年代开始的国家—省区—城市—县级尺度的能源及二氧化碳排放清单；工业过程排放清单模块覆盖 14 种工业过程中排放的二氧化碳量；排放因子及投入产出表模块展示了关于排放因子测算及投入产出表编制等方面的最新研究成果。

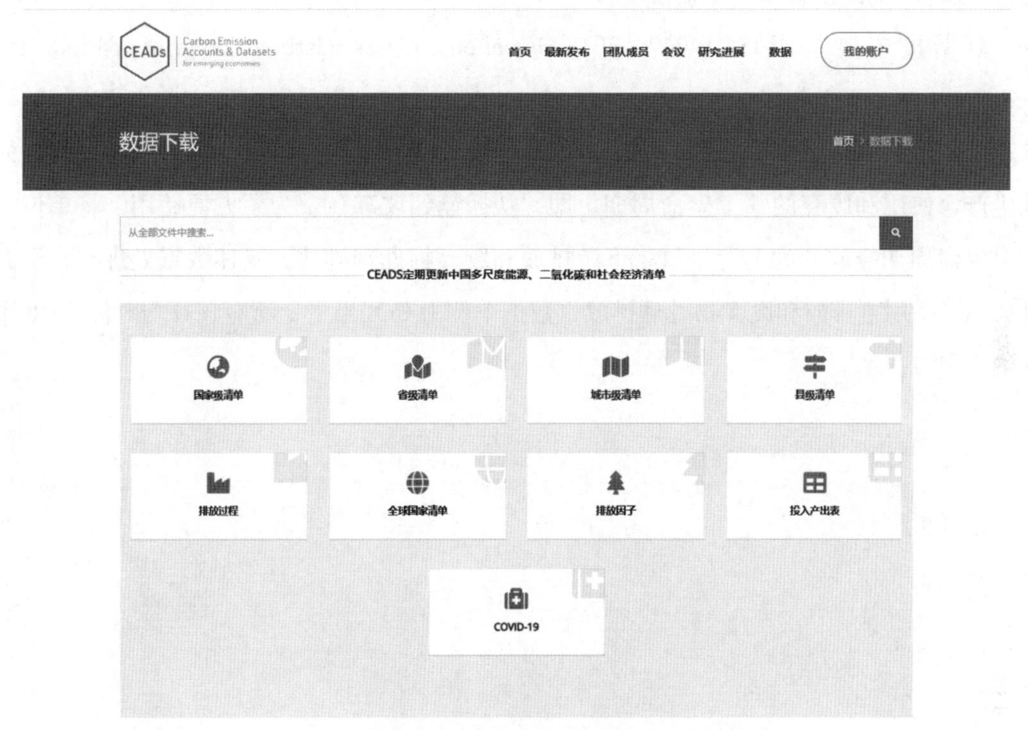

图 2-6　CEADs 的 9 个模块

在该数据库中，可用于支持建筑碳排放计算的因子包括各种能源、水泥、石灰、玻璃、纯碱、氨水、电石和氧化铝等的碳排放数据。其中能源的碳排放因子数据主要来自公开发表论文和实测数据测算，油品及燃气类的碳排放因子是基于数据样品进行测算，原始数据都可在网上免费下载。

3. 中国产品全生命周期温室气体排放系数集

中国产品全生命周期温室气体排放系数集是由生态环境部环境规划院碳达峰碳中和研究中心联合北京师范大学生态环境治理研究中心、中山大学环境科学与工程学院，在中国城市温室气体工作组统筹下，组织 24 家研究机构的 53 名专业研究人员进行无偿、志愿建设实现的。经过 16 名权威专家（其中有 8 位院士、9 位国家气候变化专家委员会顾问 / 委员）的评审，该数据集的建设成果获得了高度认可，评审专家提出了大量建设性建议和具体修改意见。数据集作者逐一修改并回复了专家提出的所有意见和建议，最终完成了数据集的优化。

中国产品全生命周期温室气体排放系数集是基于公开文献的收集、整理、分析、评估和再计算建设而成，共有大专题，包括能源、工业、生活、食品、交通、废弃物和碳移除。数据集包括产品上游排放、下游排放、排放环节、温室气体占比、数据时间不确定性、参考文献 / 数据来源等信息。

数据集主要基于 ISO14067：2018 Greenhouse Gases-Carbon Footprint of Products-Requirements and Guidelines for Quantification（温室气体—产品碳足迹—量化和通信的要求和准则）的基本原则和方法，确定产品全生命周期温室气体排放，包括从原材料开采到生产、使用和废弃的整个生命周期（即“从摇篮到坟墓”）。为了方便使用，将单位产品全生命周期排放分为上游排放、下游排放和废弃物处理排放。具体数据处理时，下游排放不包括用电排放和废弃物处理排放，数据单位为 CO_2 当量，所有核算均对标 2020 年的生产和消费水平。

第三章　基于全生命周期的低碳变电站营建理论和方法

建筑全生命周期是指从材料与构件生产（含原材料的开采）、规划与设计、建造与运输、运行与维护直到拆除与处理（废弃、再循环和再利用等）的全循环过程。本章从变电站全生命周期理论出发，首先明确全生命周期理论的概念及计算方法，然后搭建变电站全生命周期碳排放量化框架，最后建立基于全生命周期理念的变电站低碳设计优化模型。

第一节　面向变电站全生命周期的碳排放评价体系

生命周期评价的思想是努力在源头预防和减少环境问题，而不是等问题出现后再去解决。将变电站在整个寿命期间的能源消耗和碳排放按阶段划分为生产阶段、运输阶段、建造阶段、运行阶段、拆除与回收阶段。并建立各个阶段的碳排放模型，为低碳变电站评价体系的建立提供了理论基础。

一、目的与范围

1. 评价目的

从设备生产、运输、站点建设、设备安装、运行和拆除 6 个阶段建立变电站整个生命周期的碳排放模型，目的是提出变电站生命周期碳排放核算方法。

2. 评价范围

（1）系统边界。变电站在整个生命周期过程中包括设备生产、运输、站点建设、设备安装、运行及拆除 6 个阶段。其中设备生产阶段不包括非周期性设备的消耗；运输阶段仅指站点建设过程所消耗设备的运输，其他运输包含在各个阶段当中；设备安装指设备的一次性装置。变电站的碳排放实际上是由其运行过程中消耗的能源所产生的，特别是变电设备在运行阶段由于耗电和散热产生的能源消耗和排放。拆除阶段考虑设备的再利用率和废品的处理方式。

（2）忽略原则。因为在变电站建设过程中，使用的设备和材料种类繁多，但是有些设备和材料的重量很小，若对于这些数据进行一一统计也是不切实际的。因此在本研究中采用这种规则：低于设备和材料总量的一定比例，不考虑在内。

（3）数据要求。

1）研究目标是全面的评估建筑的碳排放，环境统计的原始数据范围包括能源、建筑材料的消耗，CO_2 的排放。

2）原始数据和清单数据采用国际单位制。长度单位 m、km；面积单位 m^2；体积单位 m^3；质量单位 kg、t；容重单位 kg/m^3；温度单位 K、℃；热量单位 J、kJ、MJ、GJ、TJ（1TJ=1012J）、kWh；功率单位 W。

3）化石燃料包括煤、石油和天然气，其所含的热量也各不相同，为了便于统计和相互对比，我国把每千克含热 7000kCal（29306kJ）的煤定为标准煤，也称标煤或煤当量，将石油、天然气和其他能源折合成标准煤的吨数来表示，单位是 tce 或 kgce。

二、变电站生命周期各阶段的数据统计

变电站生命周期清单分析，既是生命周期评价中环境影响评价的基础，也可直接指导实践应用。清单分析包括数据的收集和计算程序，其目的是对产品系统的有关输入和输出进行量化。在本研究中指收集变电站各阶段的基础数据，利用各阶段设备、能源消耗以及碳排放的数据清单，获得变电站生命周期的清单分析。

对变电站生命周期碳排放进行定量分析，必须进行的基础数据收集如下。

1. 变电站设备或部件的描述

（1）明确是变电站设备或是部件。

（2）部件的功能单位定义。

（3）部件安装过程包括的项目名称、计量单位、工程量、替换系数及变电站在运行期间的维护工程量。

（4）安装项目中包括的设备名称、单位、数量，施工机械的种类、数量。

2. 运输过程的描述

运输过程包括：① 设备的生产地；② 运输类型、单程运输距离。

按照“变电站设备→变电站产品→施工项目”的顺序，统计变电站产品的基础数据。

3. 材料消耗定额

设备消耗定额指在节约与合理使用设备的条件下，完成质量合格的单位产品所消耗各种变电站建设设备的数量标准。

完成质量合格单位产品所消耗的材料数量为

$$N_{损耗量} = N_{净用量} \times L_{损耗率} \tag{3-1}$$

式中 $N_{损耗量}$——材料损耗量；

$N_{净用量}$——材料净用量；

$L_{损耗率}$——材料损耗系数。

在变电站施工过程中，某种材料损耗量的多少，常用材料损耗率来表示，见表 3-1。

表 3-1　　常用材料损耗率 $\omega_{e,j}$

<table>
<tr><th colspan="2">材料名称</th><th>产品名称</th><th>损耗率（%）</th></tr>
<tr><td rowspan="7">砖、瓷砖、砌块类</td><td rowspan="5">红、青砖</td><td>地面、屋面</td><td>1</td></tr>
<tr><td>基础</td><td>4</td></tr>
<tr><td>实砌墙</td><td>1</td></tr>
<tr><td>方砖柱</td><td>3</td></tr>
<tr><td>圆砖柱</td><td>7</td></tr>
<tr><td colspan="2">瓷砖</td><td>1.5</td></tr>
<tr><td colspan="2">加气混凝土块</td><td>2</td></tr>
<tr><td rowspan="3">块类、分类</td><td colspan="2">炉渣、矿渣</td><td>1.5</td></tr>
<tr><td colspan="2">碎砖</td><td>1.5</td></tr>
<tr><td colspan="2">水泥</td><td>10</td></tr>
<tr><td rowspan="11">砂浆、混凝土、毛石</td><td rowspan="5">方石类</td><td>砖砌体</td><td>1</td></tr>
<tr><td>空斗墙</td><td>5</td></tr>
<tr><td>黏土空心砖</td><td>10</td></tr>
<tr><td>泡沫混凝土墙</td><td>1</td></tr>
<tr><td>毛石、方石砌体</td><td>1</td></tr>
<tr><td colspan="2">天然砂</td><td>2</td></tr>
<tr><td rowspan="4">抹灰砂浆</td><td>抹墙及墙裙</td><td>2</td></tr>
<tr><td>抹梁、柱、腰线</td><td>2.5</td></tr>
<tr><td>抹混凝土天棚</td><td>16</td></tr>
<tr><td>抹板条天棚</td><td>26</td></tr>
<tr><td colspan="2">现浇混凝土地面</td><td>1</td></tr>
</table>

材料消耗的计算公式为

$$材料消耗量=材料净用量\times(1+材料损耗率) \tag{3-2}$$

4. 材料运输

根据建筑材料的种类、供货量，生产厂家名称及厂址，确定建材的运输类型和运输距离。在设计阶段，由于不确定性因素较大，所以只考虑在建筑竣工后的运行阶段，主要数据来自工程决算材料清单。同一生产厂家的不同材料，可以看作是在运输上无差别的“建材包”，其重量是建材重量的总和。

在考虑货车运输时，假设从工厂大施工现场为满载，从施工现场返回生产厂家为空载。对于货车来说，满载时的油耗与空载时的油耗相比相差很大，平均达到 50%。一般情况下，货车运输系数可以取 1.67。

三、变电站生命周期碳排放模型

图 3-1 所示为变电站全生命周期碳排放系统模型，其中实线为能量流，虚线为物质流。对于任何变电站系统都包括这些阶段，但不同变电站的区别在于站内的设备如变压器、断路器等，以及其他辅助设备的构成。

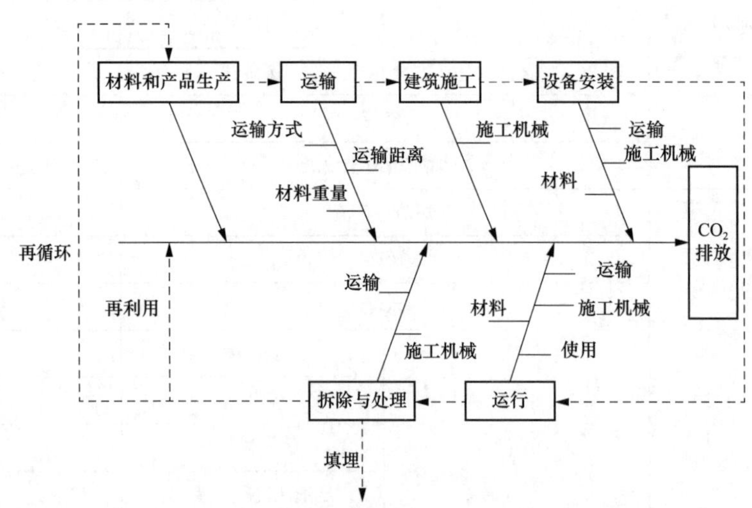

图 3-1 变电站全生命周期碳排放系统模型

全生命周期内碳排放模型为

$$L_{CCO_2} = C_{e,CO_2} + C_{t,CO_2} + C_{c,CO_2} + C_{f,CO_2} + C_{o,CO_2} + C_{d,CO_2} \quad (3-3)$$

式中 L_{CCO_2}——变电站全生命周期内的碳排放；

C_{e,CO_2}——变电站建设原材料开采运输、部件加工成产品过程中的碳排放，仅指变电站建设过程中的设备消耗；

C_{t,CO_2}——变电站在建设过程中所消耗材料从生产场地到施工现场的运输中的碳排放；

C_{c,CO_2}——变电站建设中地平工程、桩与地基基础工程等各个分部工程的施工机械能耗及排放；

C_{f,CO_2}——设备生产及安装阶段中的碳排放，包括设备和部件的生产、运输及安装；

C_{o,CO_2}——在变电站的运行期，涉及变电设备、暖通、消防、照明等的能耗及维护运行产生的碳排放；

C_{d,CO_2}——拆除过程中的机械设备的碳排放，处理阶段包括设备废弃物再利用、再循环、填埋及运输过程中的碳排放。

除去以上过程，还存在一些辅助过程也存在碳排放。由于其所占比例偏低，对分析结果影响不大，而且对其进行详细分析容易产生爆炸式发散而降低模型的可行性，故通常忽略不计。

1. 建筑材料生产阶段

变电站建筑材料的生产、运输，建筑构件的制造等一系列过程都会带来很多环境问题。材料消耗定额指在节约与合理使用材料的条件下，完成质量合格的单位产品所需消耗各种变电站建筑材料包括原材料、燃料、成品、半成品、构配件、周转性材料的摊销等的数量标准，用符号 $m_{e,j}$ 表示。在建筑施工过程中，由于不可避免的合理损耗量，这里用材料损耗率 $\omega_{e,j}$ 表示。

变电站建筑材料生产阶段的碳排放量由两大部分组成：① 生产每单位产品所消耗能源的排放，包括直接排放煤、天然气和间接排放电、蒸汽、氧气；② 生产单位产品所使用的原材料的排放，其生命周期阶段包括建材的原材料获得、加工和生产，直到产品出厂为止，其计算方法为材料消耗量乘以相应的排放因子。

（1）碳排放。设在建筑施工过程中使用了 n 种建筑材料，则

$$C_{e, CO_2} = \sum_{j=1}^{n} c_j x_{e, j} \tag{3-4}$$

$$x_{e, j} = \sum_{j=1}^{n} m_{e, j}(1 + \omega_{e, j}) \tag{3-5}$$

式中　j——材料种类；

c_j——材料 j 的碳排放系数；

$x_{e,j}$——变电站施工过程中的消耗品 j 的物质总量。

（2）数据来源。对于常见的变电站建筑材料的能源清单数据可以查阅相关数据库，如国家能耗数据网、中国建筑节能数据库、建材行业节能减排数据库等。

2. 运输阶段

变电站生命周期的每个阶段都有大量的运输环节，有时运输的能耗和排放所占的比例也很大。建材的运输阶段的生命周期清单分析结果与运输方式、输送距离等因素有关，有其自身的特点，因此，单独列出进行描述。变电站建筑生命周期期内的运输主要由四大部分组成：① 变电站建筑施工阶段消耗建材的运输；② 变电站设备安装阶段使用的辅助建材的运输；③ 变电站建筑运行阶段，维护更新时所使用建材的运输；④ 变电站建筑拆除与回收阶段，再循环、再利用及填埋过程废弃物运输。由于变电站建筑在建造施工过程中所消耗的材料种类、质量较多，相对比其他阶段其能源消耗及碳排放较大，因此，本节只考虑变电站建筑建造过程中变电站建筑材料由生产厂家至施工现场的运输过程，

其他阶段的运输将在各个阶段进行考虑。

（1）碳排放计算模型。输入参数：① 运输方式及其比例，如钢材的运输，有火车、轮船、汽车等方式；② 运输距离 D（km）；③ CO_2 强度 c［kg/(t·km)］，即某种运输工具运送单位变电站建筑建材在单位距离内的碳排放；④ 返程系数 μ，其中火车和轮船的 $\mu_1=\mu_2=1$，汽车运输的 $\mu_3=1.67$。碳排放计算模型为

$$C_{t,CO_2}=\sum_{i=1}^{3}c_i\mu_i DC_{d,CO_2}=\sum_{j=1}^{n}\alpha_j x_{d,j}c_j^r-\sum_{j=1}^{n}\delta_j x_{d,j}c_j x_{e,j}/1000 \tag{3-6}$$

式中 i——运输方式，1 为火车，2 为轮船，3 为汽车；

c_i——运输方式 i 的碳排放系数；

c_j^r——再循环材料 j 处理过程中的碳排放系数；

d_i——运输方式所占的比重。

（2）数据来源。主要通过工程决算材料清单，其中包含材料生产厂家的名称、厂址和供货量。

3. 站点建设阶段

变电站施工过程是建筑产品的最后一道“生产过程”，是将变电站建筑材料组装成具有使用建筑功能的变电站建筑的过程。在施工过程中，为了完成某种合格的产品，就要消耗一定建筑数量的人工、材料和施工机械，排放一定数量的空气污染物。本算法基于变电站建筑消耗量定额，不包括施工过程中各种周转性材料的折旧，同时不考虑人工的消耗和变电站建筑排放，主要包括施工工程中所使用施工机械的排放。

（1）碳排放计算模型。根据施工进度安排，将变电站施工分为以下步骤：① 地基与基础工程；② 挡土墙及围墙基础；③ 建、构筑物基础（含 GIS）；④ 主变压器及散热器基础；⑤ 配电装置楼；⑥ 辅助用房；⑦ 事故油池；⑧ 围墙及大门；⑨ 给排水及雨污水系统；⑩ 消防工程；站内临时道路；⑪ 沥青路面。每项施工过程中的碳排放计算模型为

$$C_{c,CO_2}=c_l\sum_{l=1}^{n}\sum_{k=1}^{n}a_{lk}y_{c,k} \tag{3-7}$$

式中 k——所使用的施工机械种类；

l——施工机械所消耗的能源种类；

c_l——能源 l 的碳排放系数；

a_{lk}——每项工程中每台班施工机械 k 对于能源 l 的消耗系数；

$y_{c,k}$——每项工程中消耗机械的总台班数。

（2）数据来源。各项工程消耗的台班数可以查阅建筑工程消耗量定额，每台班机械

的能源消耗量可参考《浙江省建设工程施工机械台班费用》。

4. 设备生产及安装阶段

在变电站的全生命周期中，涉及的设备尤其是一些大型设备的生产过程，无疑会产生碳排放。这些大型设备，如变压器、断路器、母线等，由于其体积庞大和重量重，其运输至变电站现场以及在现场的安装过程中，也将会产生一定程度的碳排放。这些碳排放源包括但不限于设备运输过程中的车辆排放，设备安装过程中吊装设备的能源消耗以及所使用的其他施工设备的运行。这些都是在变电站建设过程中需要重点考虑的环保因素。

（1）碳排放计算模型。根据施工进度安排，将变电站设备阶段分为以下步骤：① 主变压器系统设备安装；② GIS 配电装置安装；③ 配电装置安装；④ 控制及直流设备安装；⑤ 接地变压器及无功补偿装置安装；⑥ 全站电缆施工；⑦ 全站防雷及接地装置安装；⑧ 通信系统设备安装。每项设备安装过程中的碳排放计算模型为

$$C_{\mathrm{f,CO_2}} = c_l \sum_{l=1}^{n} \sum_{k=1}^{n} (a_{lk} y_{\mathrm{c},k} + M) \tag{3-8}$$

式中　k——安装所使用的施工机械种类；

l——安装施工机械所消耗的能源种类；

c_l——能源 l 的碳排放系数；

a_{lk}——每项工程中每台班施工机械 k 对于能源 l 的消耗系数；

$y_{\mathrm{c},k}$——每项工程中消耗机械的总台班数；

M——设备生产的定额排放。

（2）数据来源。各项工程消耗的台班数可以查阅建筑工程消耗量定额，每台班机械的能源消耗量可参考《浙江省建设工程施工机械台班费用》，其中设备生产定额排放见表 3–2。

表 3–2　设备生产定额碳排放

设备	可研碳排放量 /t	初设碳排放量 /t
电缆及接地	8.837996	2.02
中性点成套装置	9.5	9.5
低压电容器	66.07283	—
计算机监控系统	122.8955	114.5
同步时钟	4.140925	4.0
继电保护	33.78991	50.9

续表

设备	可研碳排放量 /t	初设碳排放量 /t
智能辅助控制系统	33.14248	137.7
在线监测系统	24.5	154.0
站用变压器	66.86161	87.9
站用配电装置	8.175104	2.2
通信系统	50.7154	46.2
远动及计费系统	26.47519	18.9
检修及修配设备	3.450771	3.3
合计	424.56	631.12

5. 运营阶段

变电站运行期间，建筑物在使用过程中用于供配变电系统、照明系统、暖通系统、排水系统等的电能消耗量；维护通勤人员柴油消耗。

（1）碳排放计算模型。根据施工进度安排，将变电站设备阶段分为以下步骤：① 主变压器系统设备安装；② GIS 配电装置安装；③ 配电装置安装；④ 控制及直流设备安装；⑤ 接地变压器及无功补偿装置安装；⑥ 全站电缆施工；全站防震及接地装置安装，通信系统设备安装，其中每项设备安装过程中的碳排放计算模型为

$$C_{\mathrm{o,CO_2}}=\sum_{k=1}^{n}Q_k p+\sum_{k=1}^{n}c_l a_{lk} \tag{3-9}$$

式中 Q——区域用电量的消耗；

k——运行时区域的标志；

l——区域消耗的能源种类；

c_l——能源 l 的碳排放系数；

a_{lk}——区域 k 中对于能源 l 的消耗系数。

（2）数据来源。数据来源于各个区域使用的能源消耗表计所得。

6. 拆除处置阶段

变电站拆除的施工方法主要有人工拆除、机械拆除及爆破拆除 3 类。根据目前我国建筑拆除和处理现状，本研究主要关注机械拆除过程的能源消耗及排放，同时为了简化模型，考虑固体废弃物的 3 种处理方式，即再利用、再循环及直接填埋。

根据建筑废弃物的主要材料类型或成分对其进行分类的，据此可将每一种来源的建筑废弃物分成可直接利用的材料、可作为材料再生或可以用于回收的材料、没有利用价值的废料 3 类。比如，在旧建筑材料中，可直接利用的材料有窗、梁、尺寸较大的木料

等，可作为材料再生的主要是矿物材料、未处理过的木材和金属，经过再生后其形态和功能都和原先有所不同。该阶段的碳排放主要包括三大部分：① 对于再利用材料减少了原材料的能源和物料消耗；② 对于再循环材料虽然减少了材料的内含能，但是增加了加工能耗；③ 填埋过程不考虑其处理过程。其中主要建材再利用率见表 3-3。

表 3-3　　主要建材再利用率

建材种类	再利用率（%）
钢材	95
混凝土	60
碎石	60
废铁金属	90
玻璃	80
木材	10
塑料	25
钢	90

（1）碳排放计算模型。计算公式为

$$C_{d,CO_2}=\sum_{j=1}^{n}\alpha_j x_{d,j}c_j^{r}-\sum_{j=1}^{n}\delta_j x_{d,j}c_j \tag{3-10}$$

式中　α_j——拆除后建筑废弃物 j 的再循环率；

δ_j——拆除后建筑废弃物 j 再利用率；

c_j^{r}——再循环材料 j 处理过程中的碳排放系数；

$x_{d,j}$——拆除后废弃物总量。

（2）数据来源。工程决算材料清单，建筑拆除过程中固体废弃物的总量统计表及回收利用计算书；城市规划报告。

四、节能降碳技术评价模型

1. 评价原则

（1）SMART 原则。在评价指标体系选择中，世界银行和国家政府部门普遍采用的评价指标体系设计准则是 SMART 原则。

1）S 是指 Specific（特定的）。指标体系是对评价对象的本质特征、组成结构及其构成要素的客观描述，并为某个特定的评价活动服务。针对评价工作的目的，指标体系应具有特定性和专门性。该特定性主要包括目标特定与导向特定。

2）M 是指 Measurable（可测量的）。指标应有相应的评定标准，以相同的标准作为统一尺度来衡量被评价对象的表现。可测量性要求并非强调一定是定量指标，对于定性指标测量只要建立详细的评价标准，也认为是可测量的。

3）A 是指 Attainable（可实现的）。指标体系的设计应考虑到验证所需数据获得的可能性。如果用于一项指标考察的数据在现实中不可能获取或获取难度很大、成本很高，这项指标的可操作性就值得质疑，这些考察数据的取得方式和渠道应在指标体系设计时予以考虑。在实际操作中，有相当一部分数据的获得具有难度，特别是判断一些定性指标时难度就更大，这时可采用一些近似方法获得数据。

4）R 是指 Relevant（相关的）。评价指标体系中各指标应是相关的，指标体系不是许多指标的堆砌，而是有一组相互间具有有机联系的个体指标构成，指标之间相关性不强或者不相关往往不能构成一个有机整体。因此指标间应有一定的内在逻辑关系，这种内在相关性一方面指各指标应和评价的目的相关，为评价活动的宗旨服务；另一方面指各指标应对被评价对象的各个方面给予描述。各指标之间具有关联性，能互为补充、相互验证。但应注意不要让各指标出现过多包容、涵盖而使它们的内涵重叠。

5）T 是指 Trackable（可跟踪的）。评价的目的是监督。一般评价活动可分为事前、事中及事后评价，无论哪种评价都需在一定阶段以后对评价的效果进行跟踪和再评价。这就要求在评价指标设计时，应考虑相应指标是否便于跟踪监测和控制。

（2）构建指标体系应遵循的原则。指标体系的构建应遵循客观性、系统性、一致性及可获得性原则。

1）客观性原则。新型电力系统的综合评估涉及政策、工程、技术、商业模式等多个方面，评估指标应综合考虑各领域因素，兼顾宏观和微观层面，选取具有典型性和代表性的指标，所选指标应保证客观、可衡量，并采用科学合理的评价方法进行计算和分析。

2）系统性原则。综合评估所选取的指标要全面反映新型电力系统的发展现状、潜力和成效，保证评价的全面性。指标体系的设计，应使所选用的指标形成一个具有层次性和内在联系的指标系统，不能缺失反映新型电力系统发展某一个方面特征的指标，也不能存在游离于系统之外的独立的指标。

3）一致性原则。指标的选取和建立应与评价目标一致，全面评价区域新型电力系统的发展。指标体系的制定必须保证各个区域之间设定的指标数量、范围及权重等方面协调一致，并且指标的设定充分体现和反映评估目标，避免相互矛盾或者存在相反情况。指标与目标的一致性还体现在各个指标之间的一致性，避免两个相互冲突的指标放在同一个指标体系之中。

4）可获得性原则。在评估过程中，要充分考虑数据可获取性以及数据标准化处理的难易程度，同类评价指标中优先选取数据完整度较高指标和数据处理相对容易的指标，尽量从权威机构数据库筛选和收集相关指标数据，不选择相对定性和无准确渠道的指标数据。

2. 评价指标选取

基于特定性、可度量性、可实现性、相关性、可跟踪性的指标选取原则，结合文献分析的方式，立足评价对象的特点，建立节能降碳技术评价体系，见表 3-4。

表 3-4　　节能降碳技术评价体系

经济效益 S_1	发电侧环节指标 B_1	单位电量成本 N_1
		系统输电收益 N_2
		设备运行稳定性 N_3
		功率波动性 N_4
		调峰补偿成本 N_5
	输电侧环节指标 B_2	运行维护成本 N_6
		输电通道利用率 N_7
	需求侧环节指标 B_3	输电通道利用率 N_8
		电力服务水平 N_9
社会效益 S_2	供电可靠性指标 B_4	保供能力 N_{10}
		终端用户供电满意度 N_{11}
	社会发展指标 B_5	促进行业综合效益 N_{12}
		碳排放权交易量 N_{13}
环境效益 S_3	资源利用指标 B_6	系统能源效率 N_{14}
		可再生能源利用率 N_{15}
	环境友好指标 B_7	电力系统碳减排量 N_{16}
		环境污染补偿费用 N_{17}

（1）经济效益 S_1。

1）单位电量转化成本 N_1。该项指标指的是在不同调度模式下，系统单位处理电量的转化成本，即各类设备的运行总成本与处理电量的比值。

2）系统输电收益 N_2。各类电力设备因输电而带来的收益，即标杆电价与输电量乘积。

3）设备运行稳定性 N_3。此项指标可用于衡量变电设备的运行稳定性。设备运行中的功率波动性对系统有负外部性，不利于电网稳定运行。因此，波动性越小的设备，电网安全运行效益越好。计算方式为：实际功率水平与期望功率的差值平均值。

4）调峰补偿成本 N_5。为应对大规模可再生能源电力的接入，设备常常需要开展调峰，并且还需额外增加装机容量作为系统备用容量，以保障可再生能源的使用。

5）运行维护成本 N_6。系统运行中的设备和线路的运行维护成本，是单位时间运行维护成本和运行时间的乘积。

6）输电通道利用率 N_8。不充分利用已建成的高效输电通道将是对建设成本的极大浪费，可用平均输电功率 / 额定输电功率表示。

7）电力服务水平 N_9。通电用户数占比、通电人口数占比等指标所反映的电力服务水平。

（2）社会效益。

1）保供能力。计算公式为

$$
\text{保供能力}=\frac{\text{电力供应保障能力}+\text{容载比分值}+\text{有序用电情况}}{3} \tag{3-11}
$$

2）终端用户供电满意度。通过问卷调查得出。

3）促进行业综合效益。稳定高效的电力调度提升了各行业的生产效率和生产安全，因此行业效益的增加也是考量低碳调度的重要指标。

4）碳排放权交易量。碳排放权交易机制的实施有利于从企业效益角度促使高碳排放企业开展低碳技术改造或设备更新等措施，从而达到降低总碳排放量的目的。

（3）环境效益。

1）系统能源效率。系统能效的提高有利于减少碳排放。

2）可再生能源利用率。可体现可再生能源是否高效利用，计算公式为

$$
\text{可再生能源利用率}=\frac{\text{可再生能源发电量}}{\text{系统总处理电量}} \tag{3-12}
$$

3）电力系统碳减排量。计算公式为

$$
\begin{aligned}\text{电力系统碳减排量}=&\text{清洁能源消纳碳减排量}+\text{电能替代碳减排量}\\&+\text{降低线损碳减排量}\end{aligned} \tag{3-13}
$$

4）环境污染补偿费用。主要包括氮氧化物、二氧化硫等污染物排放的治理费用，由当地环保局监督负责。

3. 评价指标的标准化处理

（1）处理方法。由于上一章节中所提出的各降碳调度评价指标的量纲不一致，且指标的具体取值及优劣区间差异较大，因此必须进行数据的标准化处理，包括同趋势化和无量纲化处理。按照指标的评价属性，各评价指标可被分为效益型指标、成本型指标及区间型指标 3 类。

1）效益型指标。指标数值越大，则评价结果越好，如市场活跃度指标、社会福利指

标，计算公式为

$$y_{ij}=\frac{x_{ij}-\min_i x_{ij}}{\max_i x_{ij}-\min_i x_{ij}} \tag{3-14}$$

2）成本型指标。指标数值越小，则评价结果越好，如交易偏差率指标、阻塞时间占比指标，计算公式为

$$y_{ij}=\frac{\max_i x_{ij}-x_{ij}}{\max_i x_{ij}-\min_i x_{ij}} \tag{3-15}$$

3）区间型指标。指标数值越接近某一固定区间，则评价结果越好，如供需平衡指标、备用容量水平指标；假设 x_{ij} 的指标数值越接近固定区间［q_1^j，q_2^j］，则评价结果越好，计算公式为

$$y_{ij}=\begin{cases}1-\dfrac{\max(q_1^j-x_{ij},x_{ij}-q_2^j)}{\max(q_1^j-\min_i x_{ij},\max_i x_{ij}-q_2^j)}, & x_{ij}\notin[q_1^j,q_2^j]\\ 1 & x_{ij}\in[q_1^j,q_2^j]\end{cases} \tag{3-16}$$

式中　x_{ij}——i 为样本的第 j 个原指标值；

y_{ij}——经标准化处理后的指标值。

（2）短板处理方法。通常，在低碳调度实际运行过程中，存在一些基础性的运行考核指标。一般情况下，这些指标处于正常水平值，但若指标一旦超过或低于某门槛值，将严重影响低碳调度的正常稳定运行。在这种情况下，即使其他评价指标都处于较好状态，低碳调度的实际运行情况也不容乐观。可将此类有一定门槛值要求的基础性运行考核指标定义为“短板指标”。为体现短板指标对低碳调度运行评价结果的直接影响，其标准化处理方法应相较于其他普通指标有所不同。由于短板指标也可能具有效益型、成本型和区间型 3 种属性，因此，结合短板指标的特征，在上述 3 类评价属性的基础上做如下调整。

1）效益型短板指标。计算公式为

$$y_{ij}=\begin{cases}-\infty, & x_{ij}<\vartheta_1^j\\ \dfrac{x_{ij}-\min_i x_{ij}}{\max_i x_{ij}-\min_i x_{ij}} & x_{ij}\geqslant\vartheta_1^j\end{cases} \tag{3-17}$$

式中　x_{ij}——效益短板指标；

ϑ_1^j——效益指标的下门槛值。

2）成本型短板指标。计算公式为

$$y_{ij}=\begin{cases}\dfrac{\max\limits_{i}x_{ij}-x_{ij}}{\max\limits_{i}x_{ij}-\min\limits_{i}x_{ij}} & x_{ij}\leqslant \vartheta_2^j\\ -\infty & x_{ij}>\vartheta_2^j\end{cases}\tag{3-18}$$

式中 x_{ij}——成本型短板指标；

ϑ_1^j——上门槛值。

3）区间型短板指标。计算公式为

$$y_{ij}=\begin{cases}-\infty & x_{ij}<\vartheta_1^j\\ 1-\dfrac{\max(q_1^j-x_{ij},x_{ij}-q_2^j)}{\max(q_1^j-\min\limits_{i}x_{ij},\max\limits_{i}x_{ij}-q_2^j)}, & x_{ij}\notin[q_1^j,q_2^j],\vartheta_1^j\leqslant x_{ij}\leqslant \vartheta_2^j\\ -\infty & x_{ij}>\vartheta_2^j\\ 1 & x_{ij}\in[q_1^j,q_2^j]\end{cases}\tag{3-19}$$

式中 x_{ij}——区间型短板指标；

ϑ_1^j——下门槛值；

ϑ_2^j——上门槛值。

如上所述，若短板指标 x_{ij} 低于下门槛值为 ϑ_1^j 或高于上门槛值 ϑ_2^j，则该指标标准化后的指标值为负无穷，在这种情况下，即使其他评价指标值处于正常水平，最终低碳调度的整体评估结果都将表现为极差。该转换方法的优点在于可以不受指标权重的影响。

第二节　变电站全生命周期低碳优化模型

充分发挥变电站在建筑、可再生能源等各方面的减碳能力，实现变电站在最小成本投入下减碳最大化，对推进变电站碳减排具有重要意义。因此，本文首先探讨了变电建筑围护结构及可再生能源利用多项减碳技术的相互制约关系。随后以变电站全生命周期排放总量最低为优化目标，建立了低碳变电站维护系统节能低碳的全局最优化计算模型。

一、有限资源投入下的全局优化

变电站建筑的碳排放持续整个生命周期，研究表明，尽管大多数低碳设计策略在降低建筑运行阶段的碳排放方面是有效的，但同时会建筑建设阶段的隐含碳排放，如增加的建筑材料的生产、安装以及维护等带来的碳排放。此外，不同减碳技术的成本具有较大差异，因此，当总投入成本有限的情况下，对各类减碳技术进行综合评估是十分有必要的。本节将以建筑围护结构保温技术以及可再生能源利用技术为例，分析减碳技术在全生命周期不同阶段对变电站建筑碳排放的影响，并提出在有限增量成本约束下多种减碳技术的全局优化配置方法。

针对变电站的减碳技术可归结为建筑节能、供能替代、运行优化、设备降碳4个方面。建筑节能上，集中体现在围护结构节能设计、建筑布局优化等被动式技术。这些减碳技术推动了变电站的低碳发展，但只能获得某一减碳技术的局部最优解。不同的减碳技术之间会产生强烈的制约作用，从而导致单变量优化在实际应用中的局限性。因此，为了充分发挥各方面减碳技术的减碳能力，实现建筑在最小成本投入下减碳最大化，应将建筑整体作为一个系统求全局最优解。

目前，已有较多成熟的减碳技术，实际工程应用中应对各类资源投入的低碳效益进行综合优化比选，权衡建筑、设备及可再生能源利用等方面资源投入的低碳效益。假定某一建筑有 k 项减碳技术可选择，不同减碳技术的增量成本及减碳效益由减碳技术的关键参数 i 决定。那么该建筑的减碳技术总成本 C 和总减碳效益 E 可分别表示为

$$C = C_1 + C_2 + \cdots + C_k \tag{3-20}$$

$$E = \sum_{k=1}^{k} [f_{E_{ma}-k}(i) - f_{E_{co}-k}(i)] \tag{3-21}$$

式中　C——建筑总增量成本；

C_k——第 k 项减碳技术的增量成本；

$f_{E_{ma}-k}$——第 k 项减碳技术的使用在运行阶段减少的碳排放量；

$f_{E_{co}-k}$——第 k 项减碳技术的使用在建设阶段增加的碳排放量。

此外，要考虑到不同减碳技术之间的相互制约关系以及工程项目的边界，在进行协同优化时，建立相应的约束条件。比如，站区内立面光伏发电和自然通风之间的相互制约，地面光伏铺装与绿地碳汇之间的相互制约等。

合理的建筑围护结构配置可以有效降低房间空调系统的能源需求，结合可再生能源利用进行供能替代，可以有效降低建筑的碳排放量。因此，在有限的成本约束下，选择不同的配置方案，可获得的减碳效益具有较大差异。因此，如何协同多种减碳技术，助力最小增量成本下实现站区碳减排最大化十分重要。

在实际工程应用中，考虑到增量成本的有限性，首先要根据具体工程的地区、气候等特点，筛选目标变电站可利用的建筑围护结构节能技术及可再生能源利用技术的类型，明确减碳目标、增量成本限制以及各项减碳技术之间的约束关系，基于各项减碳技术的成本和减碳效益，建立建筑围护结构节能和可再生能源利用的协同优化模型，选择合适的算法进行求解，获得最佳配置方案。

二、多项减碳技术总体协调优化模型

以变电站全生命周期碳排放最低为优化目标，建立变电站建筑多项减碳技术协同优化模型。通过模型计算，可获得考虑不同增量成本约束下可获得的最大减碳量以及最优化减碳技术配置方案。

1. 优化目标函数

本文以最小化变电站建筑全生命周期碳排放总量为优化目标，建立优化模型的目标函数，即

$$E_{\mathrm{C}} = E_{\mathrm{de}} + E_{\mathrm{co}} + E_{\mathrm{ma}} + E_{\mathrm{di}} \tag{3-22}$$

式中 E_{C}——变电站建筑全生命周期碳排放总量；

E_{de}——设计阶段碳排放量；

E_{co}——建设阶段碳排放量；

E_{ma}——运营阶段碳排放量；

E_{di}——拆除阶段碳排放量。

可转化为

$$E_{\mathrm{C}} = \frac{E_{\mathrm{co}} + E_{\mathrm{ma}}}{1-10\%} \tag{3-23}$$

其中，建设阶段的碳排放量 E_{co} 由基准建筑的建设阶段碳排放量和各类低碳技术使用造成的碳排放量组成，有

$$E_{\mathrm{co}} = \sum_{i=1}^{n} E_{\mathrm{co},\,i} EF_i + \sum_{k}^{l}\sum_{j=1}^{n} E_{\mathrm{co},\,j} EF_j \tag{3-24}$$

式中 $E_{\mathrm{co},\,i}$——基准建筑在建造阶段第 i 种能源的总量，kW·h 或 kg；

$E_{\mathrm{co},\,j}$——第 k 项低碳技术在建设阶段使用的第 j 种能源总量，kW·h 或 kg；

EF_i、EF_j——分别为基准建筑和增加的低碳技术所使用的第 i/j 类能源的碳排放因子，取值依照规范《建筑碳排放计算标准》（GB/T 51366—2019）中的附录 A 确定，$\mathrm{kgCO_2/kWh}$ 或 $\mathrm{kgCO_2/kg}$。

变电站建筑运行阶段的碳排放量等于基准建筑的运行阶段碳排放量减去由于各类低碳技术使用而减少的碳排放量，即

$$E_{\mathrm{ma}} = \left(E_{\mathrm{ma-bm}} - E_{\mathrm{PV}}\mathrm{EEF} - E_{\mathrm{GF}} - \sum_{k}^{l} E_{\mathrm{T},\,k} \right) n \tag{3-25}$$

式中 $E_{\mathrm{ma-bm}}$——基准建筑在运行阶段产生的碳排放量，kg；

E_{PV}——站区内光伏年发电量，kWh；

EEF——电网碳排放因子，$kgCO_2/kWh$；

E_{GF}——站区内绿地碳汇量，kg；

$E_{T,k}$——由于第 k 项减碳技术使用而减少的建筑运行阶段碳排放量，由能耗模拟软件计算所得，kg；

n——变电站建筑设计寿命，a。

2. 约束条件

在实际的工程应用中，建筑减碳技术存在一定的边界。比如，保温材料的用量以及外窗隔热性能的提升是有限的，约束条件的参数设置需要考察该地区减碳技术的性能极限。设置减碳技术参数约束为

$$\mathrm{Th}_l < \mathrm{Th}_k < \mathrm{Th}_u \tag{3-26}$$

式中 Th_k——第 k 项减碳技术设置参数；

Th_l——第 k 项减碳技术设置参数的下界；

Th_u——第 k 项减碳技术设置参数的上界。

各类减碳技术之间存在相互影响，应考虑各项技术之间的相互影响建立对应的约束条件，有

$$f(E_{de-p}, E_{de-q}) = 0 \tag{3-27}$$

式中 E_{de-p}、E_{de-q}——分别为第 p 项和第 q 项减碳技术的减碳量。

低碳技术的使用会提高建筑的投资成本，在实际的工程应用中，增量投资成本也会存在一定的约束。因此，变电站多种减碳技术的总增量成本的约束可表示为

$$\sum_{k=1}^{k} C_k \leqslant C \tag{3-28}$$

式中 C_k——第 k 项技术的成本；

C——变电站的增量投资成本约束。

3. 模型求解

最优化模型包括线性优化模型、非线性优化模型、混合整数线性 / 非线性优化模型、多目标优化模型等多种类型，根据模型特征选择可对应的高效准确的求解算法，如梯度下降法、牛顿法、遗传算法等。

本书所建立的最优化模型，以变电站全生命周期碳排放总量最低为目标，属于单目标非线性最优化模型，约束条件包含线性及非线性、等式及不等式，因此使用 Matlab 软件，借助 *fmincon* 函数进行模型求解。

第四章　变电站建筑设计与碳排放

变电站建筑的选址、平面布局、综合绿化会间接影响变电站建筑全生命周期碳排放量。首先，合理选址不但可以减少交通运输的碳排放量，也在很大程度上决定了对可再生能源的利用潜力。其次，平面布局的合理设计可以影响室内热环境的控制模式，降低能源消耗，从而减少碳排放。此外，绿化不仅可以美化环境，还可以吸收二氧化碳（CO_2），提高空气质量，进一步降低碳排放。因此，在编制建筑选址、平面布局和绿化方案时，应充分考虑减少碳排放的影响，为可持续发展作出贡献。

第一节　变电站建筑选址

变电站建筑地选址会对周边环境产生显著的影响，主要包括噪声污染、电磁辐射及视觉污染等。如果选址不当，变电站建筑可能会对周边自然环境与居民的生活造成不良影响。变电站内部设备对周边环境的噪声污染是最为常见的问题。变压器、断路器和隔离开关等高压电气设备的操作和运行会产生较大的噪声。变压器的散热风扇、冷却塔、空调等设备的运行噪声也会对周边环境产生一定影响。变电站内部设备工作时会产生电磁场，可能会产生电磁辐射，对周边居民也可能造成影响。变电站周边环境的电磁辐射主要来自变压器和输电线路。变电站建筑通常为大型建筑物，外观设计不合理可能会影响周边环境的视觉效果。

一、变电站建筑选址的环境因素

为应对上述变电站建筑选址对周边居民与环境的影响，需使变电站建筑选址时远离居民区和敏感区域，尽可能减少噪声和电磁辐射对周边环境的影响。同时，需要合理规划变电站建筑的外观设计和空间布局，使其与周边环境协调一致，减少对周边环境的视觉污染。此外，变电站建筑选址需要考虑以下几个方面。

1. 负荷中心位置

变电站的主要作用是将高压输电线路送来的电能转换为适合于负荷消费的低压电能，因此变电站的选址应考虑到负荷中心的位置，尽可能靠近负荷中心，以保证电能传输的效率。

2. 交通、运输条件

变电站的建设需要大量的设备和材料，因此选址时需要考虑交通便利，以方便设备和材料的运输。此外，变电站还需要进行维护和保养，因此选址时应考虑到维护和保养的便利性。

3. 地形地貌

变电站建筑选址应考虑地形地貌的适宜性，避免选址在山区、山谷或河流、湖泊等易发生自然灾害的地区。同时，应考虑到变电站的排水和通风等问题。

4. 环境影响

变电站的建筑选址应考虑到对环境的影响，避免选址在生态环境敏感区域，如水源保护区、森林保护区等。此外，变电站的建筑还应采取环保措施，减少对周边环境的影响。

二、变电站建筑选址与潜在可再生能源

变电建筑选址地区的不同直接影响到其利用可再生能源的潜力。目前相关设计中主要采用的可再生能源是太阳能。变电站建筑利用太阳能的主要方式是在屋面铺设太阳能光电板，将太阳能转化为电能用于建筑日常运行用电。因此变电站建筑选址的太阳能资源丰富程度很大程度上决定了变电站建筑利用可再生能源的上限。建筑应尽可能选址于太阳能资源丰富且周边无遮阳物体的场地。

根据国家能源局《我国太阳能资源是如何分布的？》一文提供的划分标准，我国太阳能资源地区分为四类。最丰富带、很丰富带、较丰富带、一般带。我国太阳能总辐射资源丰富，总体呈“高原大于平原、西部干燥区大于东部湿润区”的分布特点。其中，青藏高原最为丰富，年总辐射量超过 1800kWh/m^2，部分地区甚至超过 2000kWh//m^2。四川盆地资源相对较低，存在低于 1000kWh//m^2 的区域。

1. 最丰富带

最丰富带地区年总辐射量超过 1750kWh/m^2，年平均辐射照度大于等于 200W/m^2，占国土面积约 22.8%。这些地区包括内蒙古额济纳旗以西、甘肃酒泉以西、青海 100° E 以西大部分地区、西藏 94° E 以西大部分地区、新疆东部边缘地区、四川甘孜部分地区。

2. 很丰富带

很丰富带地区年总辐射量为 1400～1750Wh/m^2，年平均辐射照度为 160～200W/m^2，占国土面积约 44%。这些地区包括新疆大部、内蒙古额济纳旗以东大部、黑龙江西部、吉林西部、辽宁西部、河北大部、北京、天津、山东东部、山西大部、陕西北部、宁夏、甘肃酒泉以东大部、青海东部边缘、西藏 94°E 以东、四川中西部、云南大部、海南。

3. 较丰富带

较丰富带地区年总辐射量为 1050～1400Wh/m^2，年平均辐射照度为 120～160W/m^2，

占国土面积约 29.8%。这些地区包括内蒙古 50° N 以北、黑龙江大部、吉林中东部、辽宁中东部、山东中西部、山西南部、陕西中南部、甘肃东部边缘、四川中部、云南东部边缘、贵州南部、湖南大部、湖北大部、广西、广东、福建、江西、浙江、安徽、江苏、河南。

4. 一般带

一般带地区年总辐射量低于 1050Wh/m^2，年平均辐射照度小于等于 120W/m^2，占国土面积约 3.3%。这些地区包括四川东部、重庆大部、贵州中北部、湖北 110° E 以西、湖南西北部。

三、变电站建筑选址与施工阶段碳排放

不同选址会对变电站建筑的施工阶段造成一定影响，其中包括碳排放与成本等因素。建筑选址从地理位置、运输距离、场地形状等方面对碳排放和成本因素产生影响。

1. 地理位置

我国不同区域的单位电价与单位用电碳排放均不同。因此相同的工程量，在可再生能源发达地区与电能原产地施工会节约成本降低碳排放量。同时，偏远地区的工人工资和机械设备租赁费用均较低，也在一定程度上降低了施工成本。

2. 运输距离

建筑选址应考虑与各类建材厂、预制构件加工厂的平均距离。施工场地距离原料供应地越远，在运输过程中就需要投入更多的成本，消耗更多的燃油，产生更多的碳排放。

3. 场地形状

场地原本的土地现状决定了建筑施工过程中土地清理和平整的难易程度。比如，存在较大高差的场地就需要动用更多的机械和人工平整场地，也就造成了更高的成本与施工碳排放。

四、变电站建筑选址与运行阶段碳排放

不同的选址也在一定程度上影响变电站建筑运行过程中的碳排放量。这是由于不同选址对应的周边气候条件不同，而建筑的主变压器室、GIS 室等房间需避免在高温状态下运行，控制室等需要人工长期操作的房间需要同时避免高温和低温。比如，选址在夏热冬暖地区，则设备室仅需在夏季开启排风扇控制室内高温，控制室需在冬季供暖夏季制冷。

第二节　变电站建筑的平面和布局

一、变电站建筑的平面和布局方式

在变电站典型设计中，按照变电站布局方式可分为户外变电站、户内变电站及半户内变电站三大类。

1. 户外变电站

户外变电站是指除控制设备、直流电源设备等放在室内以外，变压器、断路器、隔离开关等主要设备均布置在室外的变电站。相较于户内变电站，户外变电站具有占地面积大、电气装置和建筑物可以充分满足各类型的距离要求，如电气安全净距、防火间距等，运行维护和检修方便等优点。

户外变电站的占地面积大，能够满足设备的布置和运行需求。由于户外变电站中所有的主要设备都布置在室外，这样可以减少对室内的占用，从而减少建筑的占地面积。同时，户外变电站的主要设备分散布置，可根据场地的实际情况进行规划和布局，以满足各类型的距离要求，如电气安全净距、防火间距等。

户外变电站的运行维护和检修方便。由于户外变电站中所有的主要设备都布置在室外，这样可以方便设备的运行维护和检修。一旦设备出现故障，维护人员可以直接在室外进行修理，不需要进入室内进行操作，从而降低了安全风险。

因此，电压较高的变电站一般需要采用户外布置。由于电压较高的变电站需要处理的电流较大，电气设备需要占用更多的空间。此外，电压较高的设备的运行需要更多的通风空间，以保证设备的正常运行。

2. 户内变电站

户内变电站是指主要设备均放在室内的变电站，即配电装置布置在户内，主变压器布置在户内、户外或半户内的变电站。相较于户外变电站，户内变电站的总占地面积较小，但对建筑物的内部布置要求更高，具有紧凑、高差大、层高要求不一等特点。户内变电站适宜市区居民密集地区，或位于海岸、盐湖、化工厂及其他空气污秽等级较高的地区。

户内变电站占地面积相对较小，因为户内变电站不需要将所有设备布置在室外，而是将主要设备放在室内，从而减少了总占地面积。且户内变电站通常会采用分层布置的方式，从而可以更好地满足不同设备的布置要求，同时采用先进的建筑材料、技术和设备，提高变电站整体的空间利用率。

户内变电站的建筑布局更为紧凑，具有高差大、层高要求不一等特点，这意味着在室内布置时需要更高的建筑物内部布局要求，并且需要合理安排变电站设备的布局，同时考虑与建筑物的内部布局的协调性，以确保变电站设备布局的合理性和有效性。

由于以上特点，户内变电站可以更好地融入周边环境。户内变电站的建筑外观可以根据周边环境进行设计，以满足景观要求，如采用建筑外观艺术化的形式，使变电站融入周边环境，同时不影响变电站设备的正常操作。

3. 半户内变电站

半户内变电站是指除主变压器以外，其余全部配电装置都集中布置在一幢生产综合楼内不同楼层的电气布置方式，常常用于经济较发达的小城镇以及需要充分考虑环境协调性和经济技术指标的区域（如城市中心）建设。它结合了户内站节约占地面积、与四周环境协调美观、设备运行条件好和户外式变电站造价相对较低的优点。

半户内变电站将主变压器设备布置在室外或半户内，其余全部配电装置都集中布置在一幢生产综合楼内不同楼层。这种布置方式有效利用了建筑物的内部空间，不仅能够减少占地面积，而且还可以通过建筑外观设计来满足周边环境协调美观的要求。

半户内变电站的设备运行条件优越，可以更好地保护设备。半户内变电站将大部分配电装置都布置在室内，不仅能够有效减少外界因素对设备的影响，还能够更好地控制环境温度、湿度等参数，保证设备的运行条件。并且，半户内变电站也方便设备的运输、安装和维护，可以有效提高设备的可靠性和安全性。

与户内变电站相比，半户内变电站的造价相对较低，且配电装置集中布置在生产综合楼内，不需要对建筑物进行过多的改造和扩建，能够更好地满足周边环境协调性的要求。

二、不同布局对碳排放的影响

1. 户外变电站

相较于其他两种类型变电站建筑，户外变电站建筑拥有最小的建筑屋面面积。因此，其可铺设光伏的面积最小，可获得的可再生能源总量也最小。但由于户外变电站的主要设备如变压器、断路器、隔离开关等均布置在室外，不需要考虑建筑内部的空间限制，可以采用自然通风代替人工通风为设备提供散热，降低了建筑运行过程中机械通风耗能的碳排放量。另外，户外变电站的主要设备与建筑主体相脱离，建筑内部的热源减少，需要利用空调控制温度的空间在夏季能够减少开启时间，在冬季则需要延长开启时间，从而影响建筑运行过程中的碳排放量。

2. 户内变电站

相较于其他两种类型变电站建筑，户内变电站建筑拥有最大的建筑屋面面积。因此，其可铺设光伏的面积最大，可获得的可再生能源总量也最大。但由于户外变电站的主要设备如变压器、断路器、隔离开关等均布置在室内，需要用人工机械通风代替自然通风为设备提供散热，提高了建筑运行过程中机械通风耗能的碳排放量。另外，户内变电站的主要设备与建筑主体一体化，建筑内部的热源增多，需要利用空调控制温度的空间在夏季需要延长开启时间，在冬季则可缩短开启时间，从而影响建筑运行过程中的碳排放量。

3. 半户内变电站

相较于其他两种类型变电站建筑，半户内变电站建筑的建筑屋面面积适中。因此，其可铺设光伏的面积与可获得的可再生能源总量也适中。但由于户外变电站的变压器设备置于室外，需要用人工机械通风代替自然通风为设备提供散热，部分提高了建筑运行过程中机械通风耗能的碳排放量。另外，半户内变电站的其他主要设备与建筑主体一体化，建筑内部的热源虽低于户内变电站但仍有增多，需要利用空调控制温度的空间在夏季仍需延长开启时间，在冬季可缩短开启时间，从而影响建筑运行过程中的碳排放量。

第三节　绿　化　设　计

一、绿化的碳汇减碳作用

碳汇是指将大气中的二氧化碳（CO_2）通过各种手段储存在植物和土壤中，从而减少温室气体在大气中的浓度的过程、活动或机制。随着全球气候变化问题的不断加剧，碳汇作为一种气候变化缓解措施变得越来越重要。绿化植物在碳汇中发挥了至关重要的作用。绿化植物在太阳光的作用下，通过吸收大气中的二氧化碳、水、矿物质等制造碳水化合物，也称为干物质，通称制造生物量。在这个过程中，绿植的根系也可以促进土壤中的碳储存，形成土壤碳汇。因此，在绿化设计中，植物的选择和数量对于碳汇的形成和规模十分关键。

植树造林和植被恢复是较为常见的碳汇措施。在植树造林中，人们通过营造适宜的环境和选择合适的树种，利用植物的光合作用吸收大气中的二氧化碳，同时将其固定在植被和土壤中。通过这种方式，可以有效地减少大气中的二氧化碳浓度，缓解温室效应，减少全球气候变化的影响。植被恢复指的是在退化的土地上恢复植被，通过植物的光合作用吸收大气中的二氧化碳，促进土壤中的碳储存，以实现减少温室气体的排放和保护生态环境的目的。在实施植被恢复的过程中，应该选择适宜的植物，采用合适的管理措施，从而提高植被的生长和养护效果，增加碳汇的规模和效果。

此外，还有许多其他的碳汇措施。比如，可以通过提高农作物种植的效率和改善农田的土壤质量，促进土壤中的碳储存。在城市绿化中，选择适宜的植物和规划合理的绿化景观也可以促进碳汇的形成。还可以通过推广绿色交通等措施，减少汽车尾气的排放，从而降低温室气体的浓度。

总之，碳汇作为一种气候变化缓解措施，已经成为全球范围内的共识。在碳汇的实施过程中，人们需要综合考虑各种因素，选择合适的措施，从而实现减少温室气体排放和促进可持续发展的目的。在这个过程中，绿植的重要性不容忽视，需要采取更多的措施来推广绿化植物，促进碳汇的形成。

二、变电站建筑绿化设计建议

变电站建筑及其周边绿化设计应从场地绿化和建筑绿化两方面考虑。

1. 场地绿化

在变电站建筑场地上种植树木、灌木、草皮可以起到防尘、降噪和提升观赏度等。

（1）由于变电站周围通常有大量的车辆和建筑工地等，会产生大量的粉尘，导致场地周围环境的脏乱。种植树木、灌木和草皮可以有效地减少空气中的尘埃颗粒，从而降低空气污染程度，保持环境的清洁卫生。

（2）变电站设备运转时会发出噪声，这对周围的居民、员工和环境都会产生不良影响。通过种植树木、灌木和草皮，可以起到一定的降噪作用。绿化植物能够吸收和减弱声波，从而降低噪声的传播和影响范围。

（3）种植树木、灌木和草皮还可以提升变电站场地的观赏度和美化效果。需要注意的是，在种植树木、灌木和草皮时需要考虑植物的生长习性和环境适应能力，选择适宜的植物种类，还需要定期对绿化植物进行养护和管理，以保证其生长健康和美观效果。高大树木应与主要设备保持较远距离以免影响供电安全。

2. 建筑绿化

建筑外围护结构的绿化设计同样能够起到增加建筑的隔热、保温效果，降低建筑能耗，美化环境的作用。建筑绿化的实现需要根据场地的实际情况和需求进行规划和设计。在设计时需要考虑到建筑的结构、负荷和草地的选择等因素，确保绿化设计的实用性和稳定性。

三、绿地碳汇系统减碳量计算方法

植物固碳的研究方法主要包括生物量法和同化量法。

1. 生物量法

生物量法通过测试现存有机体的干重（植物体所固定的有机体的量值）来计算植物固碳量。来源于农业和林业生产的生物量法历史比较悠久，它主要是采用收获法进行测定，在林分生长好的典型地段设置标准样地，皆伐样地内所有的植物，伐倒后按一定的程序（地上、地下）全部收获称重并烘干测干重率。以样方的平均值推算全林或其中各单株植物的生物量。简单地说，生物量法就是通过测算植物不同时点的生物量来衡量植物光合和呼吸强度。其实质是以时间作为单因素的量化研究，它以植物生长的开始作为时间计算的起点，以植物皆伐时为时间计算的终点，以其生长年份为考察期进行年均生长量的计算。

2. 同化量法

同化量法是通过测定进出叶片的 CO_2 浓度和水分，得到植物单位叶面积的瞬时光合（日间）和呼吸速率（夜间），再将某段时间（如日或年）累积量的差值（光合累积量减去呼吸累积量）与单株植物（或单位绿地）的叶面积相乘，从而得出单株植物（或单位绿地）的固碳量的方法。因此同化量法包含光合速率、呼吸速率和叶面积 3 个方面的研究内容，这 3 个参数是计算植物固碳量的基本变量。

20 世纪 50 年代开始，红外二氧化碳（CO_2）气体分析仪得到充分发展，它通过红外 CO_2 气体分析仪测定流入和流出叶室气流的 CO_2 浓度差来计算光合速率。近几年来国际上开发了便携式光合作用测定系统，它在测定速度、精度、适用范围、数据的自动记录与储存等方面做了革新，可以应用于户外活体实测。

第四节　建筑结构设计

变电站建筑结构设计对碳排放量会产生一定影响。由于每一类结构所用的建材种类、数量不同，其建材生产运输的碳排放亦不相同。本部分以国网江苏电力建设数量最多的 110kV 变电通用设计方案站为例，针对不同的结构形式设计，对相应建材的生产运输碳排放进行阐述。项目位于江苏省南京市，建筑物为地上二层地下一层，建筑面积 1819.84m^2，设计使用年限为 50 年。

一、钢结构变电站

典型钢结构 110kV 变电站建材生产碳排放和运输碳排放分别见表 4-1 和表 4-2。

表 4-1　典型钢结构 110kV 变电站建材生产碳排放

	材料	单位	碳排放因子 /（kg/ 单位）	材料用量	碳排放 /kg
钢结构方案	混凝土	m^3	295	1174.14	346371
	水泥砂浆	t	735	220.21	161854
	钢材	t	2380	255.38	607804
	砖	m^3	250	62.67	15667
	聚苯乙烯板	t	4620	4.91	22693
	金属复合板	m^2	8	2549.8	20390
	石膏板	t	33	194.25	6410
	混凝土配筋	t	2380	152.08	361950
	门	m^2	48.3	305.25	14744
	窗	m^2	194	45.72	8870
	合计				1566763

表 4-2　典型钢结构 110kV 变电站建材运输碳排放

	材料	运输距离 /km	碳排放因子 /（kg/t）	材料用量 /t	碳排放 /kg
钢结构方案	混凝土	40	0.162	2935.35	19021
	其他	100	0.162	952.39	15428.6
	合计				34449.6

二、钢筋混凝土结构变电站

典型钢筋混凝土结构 110kV 变电站建材生产碳排放和运输碳排放分别见表 4-3 和表 4-4。

表 4-3　典型钢筋混凝土结构 110kV 变电站建材生产碳排放

	材料	单位	碳排放因子 /（kg/ 单位）	材料用量	碳排放 /kg
混凝土方案	混凝土	m^3	295	2054.15	605974
	水泥砂浆	t	735	333.86	245387
	钢材	t	2380	16.00	38080
	砖	m^3	250	164.76	41190
	聚苯乙烯板	t	4620	4.91	22684
	混凝土配筋	t	2380	266.06	633223
	门	m^2	48.3	305.25	14744
	窗	m^2	194	45.72	8870
	合计				1610172

表 4-4　　典型钢筋混凝土结构 110kV 变电站建材运输碳排放

	材料	运输距离 /km	碳排放因子 /（kg/t）	材料用量 /t	碳排放 /kg
混凝土方案	混凝土	40	0.162	5135.38	33277
	其他	100	0.162	920.64	14914.4
	合计				48191.4

三、砖混结构变电站

典型砖混结构 110kV 变电站建材生产碳排放和运输碳排放分别见表 4-5 和表 4-6。

表 4-5　　典型砖混结构 110kV 变电站建材生产碳排放

	材料	单位	碳排放因子 /（kg/ 单位）	材料用量	碳排放 /kg
砖混结构方案	混凝土	m^3	295	1340.5	395448
	水泥砂浆	t	735	383.86	282137
	钢材	t	2380	16	38080
	砖	m^3	250	1020.75	255188
	聚苯乙烯板	t	4620	4.91	22684
	混凝土配筋	t	2380	124.4	296072
	门	m^2	48.3	305.25	14744
	窗	m^2	194	45.72	8870
	合计				1313222

表 4-6　　典型砖混结构 110kV 变电站建材运输碳排放

	材料	运输距离 /km	碳排放因子 /（kg/t）	材料用量 /t	碳排放 /kg
砖混方案	混凝土	40	0.162	3351.25	21716.1
	其他	100	0.162	4659.6	377420
	合计				97200.1

四、新型固碳材料

新型固碳材料结构对建筑材料生产与建造碳排放的影响同样分为建筑材料生产和建筑材料运输两个方面。

1. 建筑材料生产

新型固碳材料结构的生产过程需要耗费一定的能源并伴随着碳排放。但与传统建筑材料相比，新型固碳材料结构的生产过程中的碳排放量较低，因为新型固碳材料结构的生产过程中采用了更加环保的生产工艺和原材料。

2. 建筑材料运输

新型固碳材料结构的特性可以减少建筑材料的使用量，从而减少建筑材料运输对环境造成的影响，减少碳排放。

五、不同建筑结构设计对方案碳排放的影响

以典型110kV变电站建筑为例，3种结构类型对方案材料生产碳排放和运输碳排放的影响如图4-1所示。可以看出，钢筋混凝土结构与钢结构变电站的碳排放量较大，且钢筋混凝土结构略高于钢结构，砖混结构的碳排放量最低。三者材料生产碳排放的大小关系是钢筋混凝土结构＞钢结构＞砖混结构。三者运输阶段碳排放的大小关系是砖混结构＞钢筋混凝土结构＞钢结构。新型固碳材料结构的生产碳排放和运输碳排放均最低。

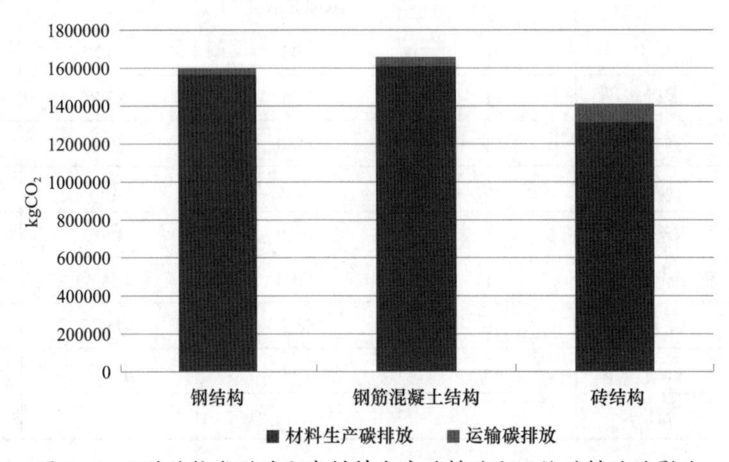

图4-1　3种结构类型对方案材料生产碳排放和运输碳排放的影响

第五节　建筑热工设计

变电站建筑的运行碳排放主要来自于建筑的能源消耗，包括空调系统、照明系统、电力设备等的能耗。其中空调系统耗能产生的碳排放量与建筑外围护结构的热工设计关联较为密切，即在设计过程中针对外墙、屋面、门窗的良好热工设计。这将有利于变电站建筑运行过程中的节能减排。

一、主设备用房外围护结构的热工设计

对于主设备用房的外围护结构，热工设计需考虑以下方面。

（1）在选择墙体和屋面材料时，需要考虑其散热性能。一般来说，散热要求较高的设备房屋需要采用具有较好散热性能的墙体材料，如散热率较高的金属板、陶瓷等材料。

这些材料的特点是热传导性能好，可以将散热设备产生的热量快速导出室外，避免室内温度过高。

（2）除了散热性能外，墙体和屋面的隔热性能也需要考虑。散热设备通常会产生较高温度，若不保证墙体的隔热性能，室内温度将较高，从而增加散热设备的散热负担。因此，在外围护结构的热工设计中，需要选择具有较好的隔热性能的材料，并采取隔热措施，如设置隔热层等。

（3）由于主设备用房通常配有机械通风的排风扇，房间气密性无从考虑，门窗尽可能考虑经济性无须选择密封性较高的门窗。

二、人员常驻房间外围护结构的热工设计

对于人员常驻房间的外围护结构，热工设计需考虑以下方面。

（1）在设计外围护结构时，应选择具有较好保温隔热性能的建筑材料，如岩棉板、聚苯板等。这些材料可以降低室内温度波动，减少空调或者供暖设备的使用，从而降低能耗和碳排放。

（2）热桥效应是指建筑中热量易于传导的区域，会导致能量损失和碳排放的增加。因此，在外围护结构的设计中，应避免热桥效应的出现。

（3）门窗选择气密性较高的类型降低冷风渗透带来的室内热量流失从而降低控制温度的能源消耗。

三、建筑外围护结构热工设计参数的优化

在实际工程优化设计中通常采用 EnergyPlus、Dest 等基于动态能量平衡的建筑能耗模拟软件来优化建筑外围护结构热工设计参数，具体步骤如下。

（1）建立建筑模型，包括建筑结构、外围护结构、材料、设备等信息，并设置节能措施和能耗参数，如能源消耗、设备运行时间和温度控制等。

（2）根据实际需求，定义热工设计参数的优化目标，如最大程度降低能耗、最小化碳排放等。

（3）根据目标，确定需要进行优化的热工设计参数，如保温材料厚度、窗户开口面积、通风系统的风量等。

（4）利用能耗模拟软件对建筑模型进行仿真计算，并根据实际运行情况进行调整。可以根据不同的热工设计参数进行多次仿真计算，得出各个参数的影响和相应的最优值。

（5）根据仿真计算结果，对热工设计参数进行优化调整，如增加保温材料厚度、调整窗户的型号等。

第六节 基于 P-BIM 技术的建筑低碳设计

BIM 技术以其对建筑工程多阶段的整合和对多层级物质构成信息的整合，在建筑碳排放评估中具有显著优势。然而，BIM 模型仅可承载建筑物本体信息，无法实现与碳排放因子等外部重要参考数据的动态关联。另外，建筑能耗是建筑运行阶段碳排放的重要组成部分，当前 BIM 平台无法承担精确的建筑能耗模拟任务，并且尚未实现与外部能耗仿真平台的整合。

性能集成建筑信息建模（P-BIM）技术可以通过一系列数字化方法实现 BIM 平台与外部数据库（存储碳排放因子等参照数据）以及建筑能耗模拟平台的动态连接，实现建筑全生命周期碳排放的自动化评估流程。

P-BIM 技术将建筑全生命周期性能信息划分为模型本体信息、模拟性能信息、监测性能信息及外部关联信息，通过基于 BIM 平台的一系列数字化技术实现多维数据的集成管理、存储与应用。在 P-BIM 技术架构中，BIM 平台（Autodesk Revit）作为内层平台，用于存储模型本体数据和预测性能数据；关系型数据库（MySQL）作为外层平台，存储外部关联数据和监测性能数据；数字化设计平台（Rhino.Inside）是搭接内外层数据的桥梁，实现多维数据的综合管理与应用，同时也承担整合外部性能模拟引擎（EnergyPlus）的功能。多维数据在 P-BIM 技术架构中的动态传递关系如图 4-2 所示。

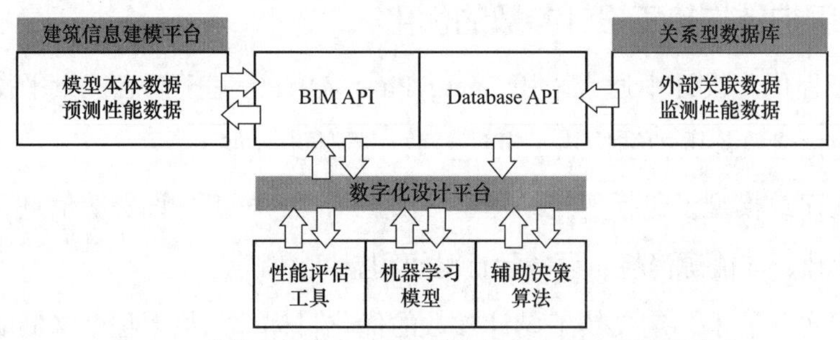

图 4-2 多维数据在 P-BIM 技术架构中的动态传递关系

碳排放自动计算模型所使用性能信息主要包括，作为评估基础的建筑方案模型本体信息、建筑分项能耗等预测性能信息，以及碳排放因子数据库等外部关联信息。通过 P-BIM 技术实现 Autodesk Revit、MySQL 以及 EnergyPlus 的动态关联后，即可于数字化设计平台内实现建筑碳排放自动化评估流程。

运行阶段能源用量的评估在本研究中借助模拟引擎（EnergyPlus）完成，因此基础步骤是将 BIM 模型逐步转化为模拟引擎可识别的建筑能量模型。借助 P-BIM 技术，首先将 BIM 模型转换为参数化模型存储于数字化设计平台中，转化的内容包括：建筑空间形态信息（存储于房间构件中）；建筑围护结构信息（根据房间边界自动识别对应围护结构构件），如窗墙布局等；围护结构构造信息（存储于围护结构构件属性中），如构造层厚度和材料名称等；暖通设备基本配置（存储于空间构件中），如风机风量和空调设定点等。下一步，基于参数化模型调用 Ladybug Tools 工具作为 EnergyPlus 的接口，将参数化模型转化为建筑能量模型。还要借助外部数据库调用变电站建筑的各类运行时间表，而后通过数据接口添加至建筑能量模型中。最终通过 EnergyPlus 开展建筑全年能耗模拟，输出的全年分项能耗结果叠加至 50 年生命周期，再换算为电力能源碳排放量，完成运行阶段能源消耗碳排放量的评估。

第五章　变电站建设施工与碳排放

变电站建设施工阶段的碳排放是全生命周期碳排放的重要组成部分，不同于第四章所述设计阶段的碳排放，本章关注施工建设过程产生的碳排放，实施主体为施工单位。讨论时通常将项目建设施工阶段碳排放划分为运输碳排放、施工现场碳排放、废弃物碳排放及施工碳汇这4个环节。

本章将围绕变电站施工阶段低碳化技术策略及其碳排放测算展开介绍。首先，对变电站施工阶段碳排放的主要来源进行分析并提出相应的控制措施；其次，提出了低碳施工的发展对策与措施；最后，对施工建设阶段各环节的碳排放进行测算，利用了定额的思想，囊括了施工阶段各环节的碳排放指标和碳减排指标。

通过构建建筑施工碳排放定额，可测算出施工阶段进行生产活动所产生的碳排放量，预估施工单位在可达到减排技术的水平下能实现的碳减排量，是量化施工项目碳排放情况的参考依据，同时也是衡量碳减排措施减排效果的评价依据。

第一节　低碳施工影响因素及控制措施

为实现施工过程的低能耗、低污染、低排放和高效能、高效率、高效益目标，必须加强施工阶段碳排和碳汇的控制。施工碳排不仅指施工现场的碳排，还包括与施工相关的其他作业的碳排，按不同碳源可分为运输碳排、施工现场碳排及废弃物碳排。施工碳汇主要指施工现场的绿化和水系。施工碳排放构成如图5-1所示。

一、运输碳排放

建筑物建造过程中需要消耗大量的材料，运输工具将建材从生产地运至施工现场的过程中，会向大气中排放大量的二氧化碳（CO_2）。影响运输碳排的因素主要包括运输方式选择、运输总量、运输距离、车辆选择、运输效率等。

1. 运输方式选择

Adalberth对不同运输方式下的运输能耗进行了研究和比较，指出远距离运输应优先考虑海运或铁路运输，近距离运输则以车辆运输为主。

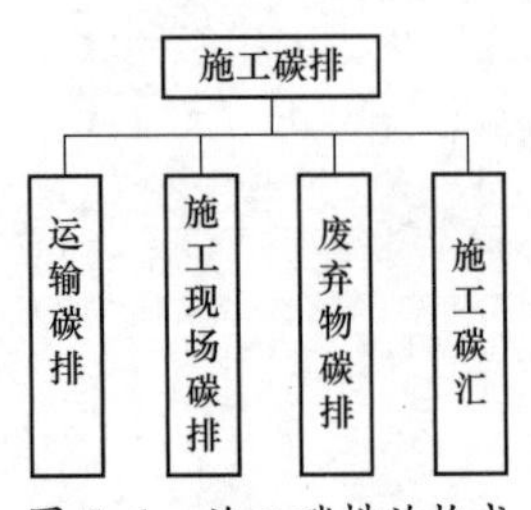

图5-1　施工碳排放构成

2. 运输总量

根据总体规划，优化施工工艺和施工方案，减少建材的使用量。研究表明，进行工厂化生产并采用装配式施工，可节约5%

的建材使用量。在运输过程中采取必要的措施以保护建材，可减少运输损耗，提高材料使用效率，降低碳排放量。

3. 运输距离

变电站建设应优先选择距离施工现场 500km 内的材料供应商，并优先考虑海上运输方式。缩短运输距离可大幅度减少运输过程中的二氧化碳（CO_2）排放，以普通载重运输车辆为例，其耗油量约为 13L/ 百公里，柴油的二氧化碳排放系数为 76060g/GJ，每减少百公里运输可实现 40.586kg 的碳减排量。

4. 车辆选择

经调查，汽油货车每百吨公里油耗约为 8L，柴油货车每百吨公里油耗约为 6L。就相同或相近车型的燃油效率而言，我国每百公里平均油耗比发达国家高 20%，载货汽车百吨公里油耗比国外先进水平高一倍以上，拖挂车辆比单车运输平均降低油耗 30%。

5. 运输效率

首先，应根据车辆的单位距离耗油量、设计荷载等技术参数选择最适合的运输车辆，并定期对其进行检修和维护。研究表明，车辆载重每增加 1t，其能耗可降低 6%。其次，应加强对车辆驾驶人员的培训，提高节能、低碳运输的环保意识，培养低碳、节能的驾驶习惯；不同操作水平的驾驶员驾驶车辆油耗相差可达 7%～25%。

二、施工现场碳排放

施工现场的二氧化碳（CO_2）排放是施工碳排的最主要来源，且组成要素最为复杂。施工现场碳排放按区域可分为施工区碳排、生活区碳排及办公区碳排，如图 5-2 所示。

施工现场的碳排放包括材料、能源、设备和人力的消耗，以及对施工土地的破坏等方面，主要影响因素包括施工机具选择、照明、临时用房及能源结构等方面。

1. 施工机具

施工机械设备和电焊设备的耗能通常占施工用电总量的 90% 以上，高效、节能的电动机工作效率比普通标准电动机高 3%～6%，平均功率因数高 9%，总损耗比普通标准电动机减少 20%～30%，具有较好的节能效果。通过能耗比较，选用节能的机械设备，如利勃海尔吊机、变频节能升降机等，具有一定的碳减排效用。同时应注意制定和执行保持设备低耗高效工况的按时保养、维修和检验制度，确保其正常运行。还需加强对施工机具操作人员和维修人员的培训，提高其操作技能，杜绝因操作不当而造成的能耗损失。

2. 施工、生活及办公照明

在相同功率情况下，LED 灯的能耗仅为白炽灯的 1/8，为日光灯的 1/3；施工现场应

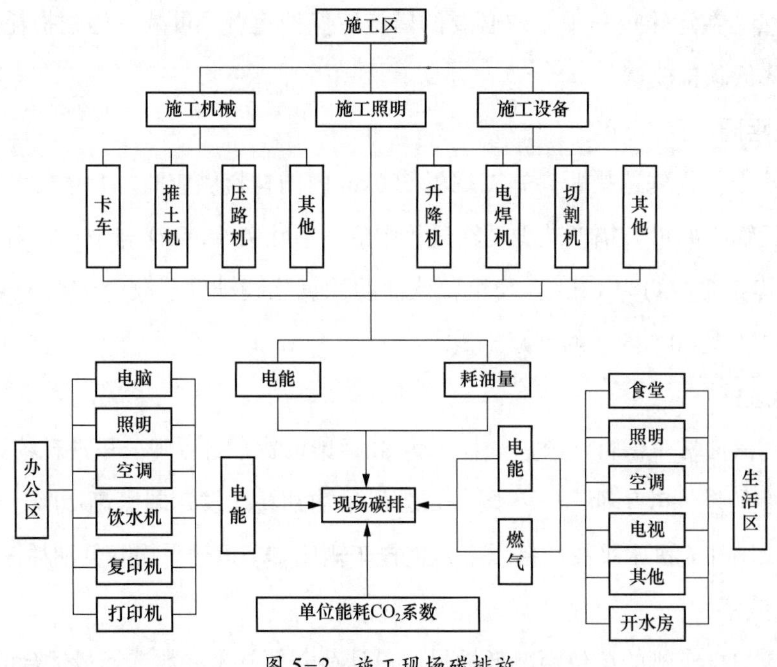

图 5-2 施工现场碳排放

全面推广 LED 照明。并且施工现场应合理配置节能灯数量，严格控制照明强度和照明时间。照明在设计时可按需求分为局部照明、一般照明及应急照明，分级配置节能灯具。施工现场的照明可优先考虑使用太阳能等清洁能源。经照明方案优化，预计现场照明能耗的碳减排可达 60% 以上。

3. 临时用房

施工现场应增加临时用房围护结构的隔热保温性能，积极使用保温隔热新材料。工程结束后，尽可能回收临时用房材料，避免或减少材料浪费，提高材料的使用效率，减少临时用房产生的碳排放量。

4. 能源结构

可优化施工方案，将规划内的风力和太阳能发电应用于变电站建设过程，减少施工过程中的碳排放。

三、废弃物碳排放

施工废弃物的处置也是施工碳排的重要组成部分，废弃物碳排放如图 5-3 所示。

废弃物在运输过程中会排放二氧化碳（CO_2）。一方面，废弃物的处置因消耗电能、化石燃料等而产生二氧化碳，增加碳排放；另一方面，废弃物经回收加工后可制成建筑材料再次使用，减少了原材料开发，降低碳排放。

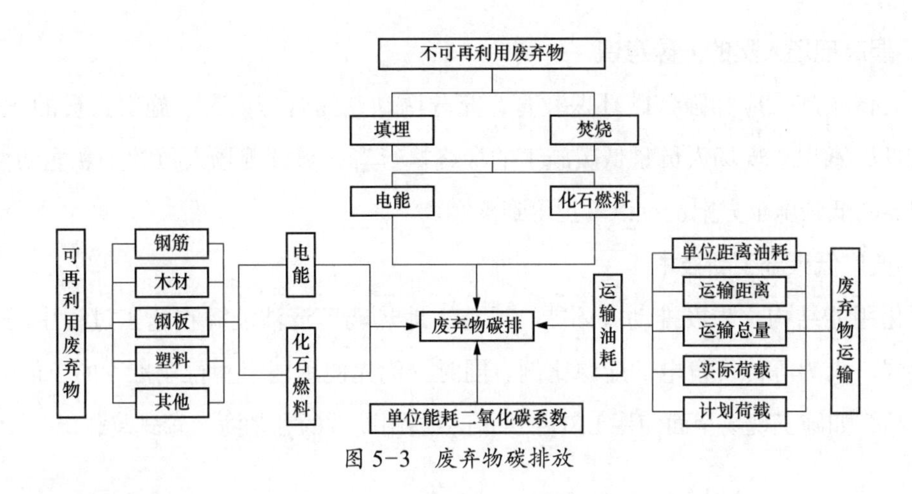

图 5-3　废弃物碳排放

1. 废弃物运输

坚持贯彻 3R 原则，即减少废弃物（减量化，Reducing）、再利用（Reusing）及再循环（Recycling），制定固体废弃物的减量计划（每万平方米的建筑垃圾不宜超过 400t），固体废弃物的再利用和回收率应达到 30% 以上。如为模板工程，可采用定型钢模，并采取高效的技术和管理措施提高模板周转次数，减少废弃物的产生。建材若采用工厂化生产再运送至现场组装，约可减少 30% 的废弃物，减少 10% 的空气污染。

2. 废弃物处理

处理废弃物时优先选择节能、低碳的工艺和设备，充分加工并循环利用建筑废弃物，避免和减少建筑垃圾的焚烧和填埋。

四、施工碳汇

施工现场环境较为复杂，车辆运输、施工机械作业、渣土堆放等施工活动会产生大量的扬尘、噪声，并排放大量的二氧化碳（CO_2）。增加施工现场的绿化可在固定土壤、减少扬尘污染、维护环境的同时，吸收二氧化碳，提高施工碳汇总量。

在科学分析低碳施工的影响因素和控制措施的基础上，从以下几方面提出低碳施工的发展对策与措施。

1. 提高施工管理水平

建立系统科学的低碳施工管理体系，有助于提高施工现场的管理能力，减少因管理混乱而造成的碳排放增加。结合施工现场实际情况，选择合理的施工工艺、施工工序，并对多种施工方案进行综合评审，选择最优的施工组织方案。同时，施工企业、监理、业主等各参与方应以最大限度减少碳排量为己任，组建低碳施工委员会，实时监控和调整施工现场的低碳施工执行情况。

2. 提高现场人员的低碳意识

发展低碳施工应加强低碳环保教育，充分调动现场管理人员、施工人员的积极性，培养其低碳意识。现场人员是低碳施工的最终执行者，离开现场人员的主观能动性，即便再完美的低碳施工方案也难以真正得到落实。

3. 推广低碳施工新技术

优化用能结构，积极推动太阳能、风能、地热能等清洁能源在施工过程中的应用，减少煤炭、火力等传统发电的能源比例。同时，优先使用国家和行业推荐的节能降耗的用能产品，如施工现场全面使用 LED 照明灯，选用高效的利勃海尔轮式装载机等。

第二节　建材运输环节碳排放测算

一、建材运输环节定额子目的单位碳排放系数

施工阶段的建材运输环节包括在项目开始施工前，使用运输车辆将建材从来源地运输至工地仓库或施工现场指定堆放地点的过程。在运输途中，伴随着能源的消耗将会产生碳排放，产生碳排放的多少与建材运输量、运输设备种类、平均运输距离和运输设备碳排放系数等因素有关。我国的运输方式可以大体分为铁路运输、水路运输、公路运输、航空运输及管道运输五大类，建材的运输又主要包括铁路、船运及公路 3 种方式。因建筑材料通常基于短距离运输原则采用公路运输，故本书以公路运输的方式，就建材运输环节的碳排放测算作出说明。

公路运输中会使用到多种运输设备，可通过查询《湖南省建筑工程消耗量标准》等相关标准和既往变电站施工方法，确定构件和材料运输时常用的运输车辆种类。运输车辆的碳排放系数与其单位运量单位运距的能源消耗量和消耗的能源类型有关。可参考钢筋运输子目中汽油与柴油运输车辆的台班消耗量与机械台班费用定额中的平均能耗指标，通过式（5-1）测算得出运输碳排放系数，即

$$C_i = W_{i,a} \times V_a \tag{5-1}$$

式中　C_i——i 种运输车辆的运输碳排放系数；

$W_{i,a}$——使用 i 种运输车辆时建材单位运量单位运输距离的第 a 种能源消耗量；

V_a——第 a 种能源的碳排放系数。

根据式（5-1）可计算出不同车型和不同运输能力的运输车辆碳排放系数。常用运输车辆的碳排放系数见表 5-1。

表 5-1　　常用运输车辆的碳排放系数

机械名称	规格型号		机型	能源耗用量 $W_{i,k}$/kg	运输碳排放系数 C_i/[$kgCO_2$/(10t·km)]
汽车式起重机	提升质量 /t	5	中	23.30（汽油）	16.47
		12	大	30.55（柴油）	23.32
		16	大	35.85（柴油）	27.63
载货汽车	装载质量 /t	6	中	33.24（柴油）	59.78
		8	大	35.49（柴油）	63.89
平板拖车组		25	大	49.13（柴油）	56.26

以消耗量定额中的建材用量等数据为基础，将建筑材料的运输量统一换算为建材重量并统一单位，与相应的建材平均运输距离和运输碳排放系数相乘，可测算得出建材运输环节定额子目的碳排放量。具体测算过程为

$$Q_1=\sum_{i=1}^{t}\sum_{j=1}^{n}M_jD_jC_i \tag{5-2}$$

式中　Q_1——建材运输环节定额子目的单位碳排放系数；

M_j——j 类建材的运输量；

D_j——j 类建材从建材供应地运至施工现场的平均运输距离；

C_i——i 种运输车辆的运输碳排放系数。

因运输距离涉及因素过多，为简化计算，也可借鉴中国台湾地区建筑材料平均运输距离的统计成果作为默认值进行测算。不同建材平均运输距离见表 5-2。

表 5-2　　不同建材平均运输距离

序号	建材名称	单位	平均运输距离 /km
1	钢材	kg	61.17
2	铁		72.66
3	铝		71.32
4	水泥	m^3	52.72
5	混凝土		14.81
6	石灰		29.62
7	其他水泥制品	kg	52.72
8	木材	m^3	34.03
9	建筑玻璃	kg	74.08
10	涂料		50.35
11	实心黏土砖	千块	25.78
12	石材板	m^2	25.78
13	砂、碎石	kg	39.98

二、建材运输环节碳排放定额编制分析

建材运输环节碳排放定额用于测算建筑施工阶段中建材定点水平运输产生的碳排放。定点运输是指在工作班内，由建材或构件工厂往返于一个工地的运输。建材运输阶段包括在建材厂内设置一般支架、装车、支垫、绑扎、建材厂与施工现场之间的平行运输，以及施工现场指定位置卸车、堆放支垫稳固等工作内容，概括来说就是装载、运输、卸载3个环节。

在对建材运输环节的碳排放进行测算时，可根据工程造价文件中工、机、料的用量汇总与单价表，确定工程项目在施工阶段所需建材的种类和消耗量，包括固化到建筑本身的建筑材料和构件，如砂、石、砌块、钢筋、混凝土；以及周转性材料，如脚手架、模板等。根据建筑工程消耗量定额，不同的建筑材料一般按体积或重量进行分类，比如，钢筋工程的计量单位一般采用吨（t），而混凝土工程的计量单位一般采用立方米（m^3），在进行测算前，需要通过数学方法将所有的建材单位进行统一。

建材通过运输车辆从建材厂运送至施工现场的过程中，建材厂与施工现场之间的距离对运输能耗产生一定的影响，进而对碳排放造成一定的影响。合理的线路规划可以有效缩短运输距离，避免运输过程中产生不必要的二次运输。运输线路的规划不仅要考虑最短运输距离，还要结合实际情况考虑运输线路的可行性。

完成1t的12mm带肋钢筋的制作、绑扎、安装等工作内容需要直径12mm的HRB400钢筋1020.00kg；镀锌铁丝4.62kg；电焊条7.20kg；水0.15m^3，由于施工现场有自来水，运输过程中水的重量一般不予考虑。故所需大型钢材、中小型材、热轧钢筋、钢丝等1020.00kg；镀锌铁丝、其他铁件、电焊条、焊剂、石棉垫、调和漆等其他材料11.82kg。根据《湖南省建筑工程消耗量标准》中钢筋构件运输项目的子目形式，将消耗量数据代入运输碳排放测算模型，即可建立运输环节的碳排放定额样表，见表5-3。

表5-3 建材运输环节碳排放定额样表

编号	A5-20	A5-21
单位定额碳排放系数 / ($kgCO_2$/10t)	建材运输（运输距离）	
	3km以内为107.60	每增加1km增加2.99
载货汽车6t	台班量 / 机械碳排放量	
	0.60/107.60	0.05/2.99

假设大型钢材、中小型材、热轧钢筋、钢丝等工厂至施工现场的平均运输距离D均为60km；镀锌铁丝、其他铁件、电焊条、焊剂、石棉垫、调和漆等工厂至施工现场的平

运输距离 D_2 均为 73km，按表 5-3 换算得到 A5-17 号定额子目的建材消耗量，与相应的单位定额碳排放系数相乘，可测算得到运送每吨 12mm 带肋钢筋的制安工作所需材料时，排放的二氧化碳（CO_2）量，测算结果见表 5-4。

表 5-4 钢筋工程运输工作碳排放测算结果

施工机械/台班	载重汽车（6t）	
平均运距离/km	60	73
运输碳排放系数 C_i/（$kgCO_2$/10t·km）	59.78	
建材运输量 M_j（10t）	0.102	0.0012
碳排放量 Q/（$kgCO_2$）	371.09	

第三节 现场施工环节碳排放测算

一、现场施工环节定额子目的单位碳排放系数

在测算现场施工机械、设备的碳排放系数前，需对机械种类、机械所消耗的能源类型、机械的能源利用效率和能源碳排放系数进行确定。建筑施工阶段所需的施工机械分类复杂，不同厂家、生产型号及批次的施工机械，其能耗也存在一定差异。以湖南省为例，通过查询《湖南省建设工程计价办法附录》，得到施工机械的基础数据。该标准中罗列了 13 类施工机械、设备单位台班所需消耗的能源类型和能源利用效率等数据，机械、设备碳排放系数的测算模型可借鉴机械台班单价的形式来确定。以上文选取的能源碳排放系数为依据，测算得到相应的现场施工机械碳排放系数，即

$$E_p = Z_{p,a} \times V_a \tag{5-3}$$

式中 E_p——p 类现场施工机械的机械碳排放系数；

$Z_{p,a}$——p 类施工机械每单位台班的第 a 种能源消耗量；

V_a——第 a 种能源的碳排放系数。

根据式（5-3），可测算出各型号、各类别现场施工机械的碳排放系数。常用施工机械设备碳排放系数见表 5-5。

表 5-5 常用施工机械设备碳排放系数

机械名称	规格型号	机型		$Z_{p,a}$	E_p/（$kgCO_2$/台班）
履带式推土机	功率/kW	75	大	53.99kg（柴）	198.14
履带式起重机	提升质量/t	15	大	32.25kg（柴）	118.36
电动卷扬机	牵引力/kN	50	小	33.60kWh（电）	30.24

续表

机械名称	规格型号	机型		$Z_{p,a}$	E_p/（$kgCO_2$/ 台班）
混凝土搅拌机	出料容量 / L	350	小	64.51kW·h（电）	58.06
灰浆搅拌机	拌筒容量 / L	200	小	8.61kW·h（电）	7.75
钢筋切断机	直径 / mm	ϕ40	小	32.10kW·h（电）	28.89
钢筋弯曲机		ϕ40	小	12.80kW·h（电）	11.52
木工圆锯机		ϕ500	小	24.00kW·h（电）	21.60
直流电弧焊机	功率 / kW	32	小	93.6kW·h（电）	84.24
对焊机	容量 /（kV·A）	75	小	122.9kW·h（电）	110.61

将现场施工过程中使用的机械、设备与碳排放相关联，把消耗量定额中的机械台班单价替换为施工机械碳排放系数，即可得到现场施工机械产生的碳排放量，具体见测算公式（5-4）。

$$Q_2 = \sum_{p=1}^{n} E_p X_p \tag{5-4}$$

式中 Q_2——现场施工环节定额子目的单位碳排放系数；

E_p——p 类现场施工机械的机械碳排放系数；

X_p——p 类现场施工机械工作的台班量。

二、现场施工环节碳排放定额编制分析

由于建筑施工过程以多项目形式出现，本书选取消耗量定额中钢筋工程的施工机械台班量和建材消耗量作为基础数据进行分析。

钢筋工程消耗量定额见表 5-6。从中可以看出，钢筋制安过程中的耗能包括进行钢筋切断、钢筋弯曲、钢筋焊接等施工工序时使用机械、设备产生的能源消耗，A5-16、A5-17、A5-18、A5-19 号定额子目之间的差异是带肋钢筋的直径，不同直径带肋钢筋的制作、绑扎、安装将消耗不同数量的材料、机械和能源。

表 5-6 钢筋工程消耗量定额

编号				A5-16	A5-17	A5-18	A5-19
项目				带肋钢筋（直径 mm）			
				10	12	14	16
	名称	代码	单位	数量			
材料	HRB400 直径 10mm	011425	kg	1020.00	—	—	—
	HRB400 直径 12mm	011426	kg	—	1020.00	—	—
	HRB400 直径 14mm	011427	kg	—	—	1020.00	—

续表

	名称	代码	单位	数量			
材料	HRB400 直径 16mm	011428	kg	—	—	—	1020.00
	镀锌铁丝 22 号	011453	kg	5.64	4.62	3.56	2.60
	电焊条	011322	kg	—	7.20	7.20	7.20
	水	410649	m^3	—	0.15	0.15	0.15
机械	电动卷扬机单筒慢速 50kN	J5-10	台班	0.32	0.30	0.22	0.18
	钢筋切断机 ϕ40mm	J7-2	台班	0.11	0.10	0.10	0.11
	钢筋弯曲机 ϕ40mm	J7-3	台班	0.30	0.25	0.20	0.22
	对焊机（75kV·A）	J9-12	台班	0	0.11	0.11	0.11
	直流电弧焊机 32kW	J9-8	台班	0	0.53	0.53	0.53

以 A5-17 号定额子目为例，完成每吨 12mm 带肋钢筋的制作、绑扎、安装等工作内容需要电动卷扬机（单筒慢速 50kN）0.30 台班，即 X_1=0.30 台班 /t；钢筋切断机（ϕ40mm）0.10 台班，X_2=0.10 台班 /t；钢筋弯曲机（ϕ40mm）0.25 台班，即 X_3=0.25 台班 /t；对焊机（容量 75kV·A）0.11 台班，X_4=0.11 台班 /t；直流电弧焊机器（32kW）0.53 台班，X_5=0.53 台班 /t。

由前述测算的机械台班碳排放系数可知：每台班电动卷扬机（单筒慢速 50kN）的机械碳排放系数为 30.24，即 E_1=30.24kgCO_2/ 台班；每台班钢筋切断机（ϕ40mm）的机械碳排放系数为 28.89，即 E_2=28.89kgCO_2/ 台班；每台班钢筋弯曲机（ϕ40mm）的机械碳排放系数为 11.52kg，即 E_3=11.52kgCO_2/ 台班；每台班对焊机（容量 75kV·A）的机械碳排放系数为 110.61，即 E_4=110.61kgCO_2/ 台班；每台班直流电弧焊机的机械碳排放系数为 84.24kg，即 E_5=84.24kgCO_2/ 台班，再根据定额子目碳排放系数测算模型可测算出 A5-17 号定额子目中各类机械产生的碳排放量，见表 5-7。

表 5-7　　定额子目各类机械碳排放

机械类型	机械投入量 X_P/ 台班	机械碳排放系数 E_P/（kgCO_2/ 台班）	机械碳排放量 /（kgCO_2/t）
电动卷扬机（单筒慢速 50kN）	0.30	30.24	9.07
钢筋切断机（ϕ40mm）	0.10	28.89	2.89
钢筋弯曲机（ϕ40mm）	0.25	11.52	2.88
对焊机（容量 75kV·A）	0.11	110.61	12.17
直流电弧焊机器（32kW）	0.53	84.24	44.65
单位额定碳排放系数 Q_2		71.66kgCO_2/t	

由表 5-7 可以看出，该子目的单位定额碳排放系数 Q_2 为 71.66kgCO_2/t，表示现场

施工环节完成每吨12mm带肋钢筋的制作、绑扎、安装等工作内容，需要排放71.66kg CO_2。Q_2可用于代入工程量清单来估算施工阶段的碳排放总量，实现量化不同类型和结构的建筑项目施工阶段碳排放。

按照以上方法继续测算出单位质量的其他直径钢筋在制安过程所排放的二氧化碳（CO_2）量，并将估算的单位定额碳排放系数和台班消耗量等数据对应项目进行填入，可得到现场施工环节钢筋工程碳排放定额样表，见表5-8。后续可对定额中的其他项目进行测算，将测算完成的单位定额碳排放系数进行整理并确定单位，如kgCO_2/t、kgCO_2/m^3等，即可完成现场施工环节碳排放定额的编制。

表5-8　钢筋工程碳排放定额样表

编号		A5-16	A5-17	A5-18	A5-19
项目		带肋钢筋直径/mm			
		10	12	14	16
单位定额碳排放系数/（kgCO_2/t）		17.76	71.66	74.77	74.02
名称	代码	台班量/机械碳排放量			
电动卷扬机单筒慢速50kN	J5-10	0.32/0.54	0.30/9.07	0.22/7.24	0.18/5.93
钢筋切断机40mm	J7-2	0.11/3.46	0.10/2.89	0.10/3.15	0.11/3.46
钢筋弯曲机40mm	J7-3	0.30/3.76	0.25/2.88	0.20/2.51	0.22/2.76
对焊机容量75kV·A	J9-12	0.00/0.00	0.11/12.17	0.11/3.25	0.11/13.25
直流电弧焊机32kW	J9-8	0.00/0.00	0.53/44.65	0.53/48.62	0.53/48.62

三、现场施工环节碳排放总量计算

通常，在对建设项目的工程造价进行分析计算时，是从分项工程开始，逐一向上计算分部工程、单位工程、单项工程，最终汇总完成建设项目总的计算。

在对碳排放定额进行编制时，参照《建设工程工程量清单计价规范》中规定的划分原则，首先将碳排放定额按照施工阶段各个流程的不同划分为17个分部工程，即17章，依次为土石方工程、地基处理、基坑支护工程、桩基工程，砖石工程、钢筋、混凝土工程、钢结构工程、木结构工程、屋面及防水工程、保温、防腐工程、室外附属工程、构筑物工程、脚手架工程、模板工程、垂直运输工程、超高增加碳排放、建材运输以及施工垃圾处理部分。

然后，以同类项目的不同材料、不同部位或不同施工方法为划分原则再次进行细分。以桩基工程为例，根据不同的施工方法将桩基工程划分为预制桩和灌注桩。其中预制桩按所用材料的不同又可分为木桩、混凝土方桩、预应力混凝土管桩、钢桩等；灌注桩按其成孔方法不同，可分为钻孔灌注桩、沉管灌注桩、人工挖孔灌注桩、爆扩灌注桩等。

最后，可再根据施工工艺的不同向下细分直至定额子目。

这种建设项目的组合性决定了可同样按照此顺序对建设工程的碳排放进行测算，即从分项工程的计量开始，利用碳排放定额逐步由小到大、从局部到整体地完成建设项目总工程的碳排放测算。工程量和建设工程碳排放的测算过程顺序如图 5-4 所示。

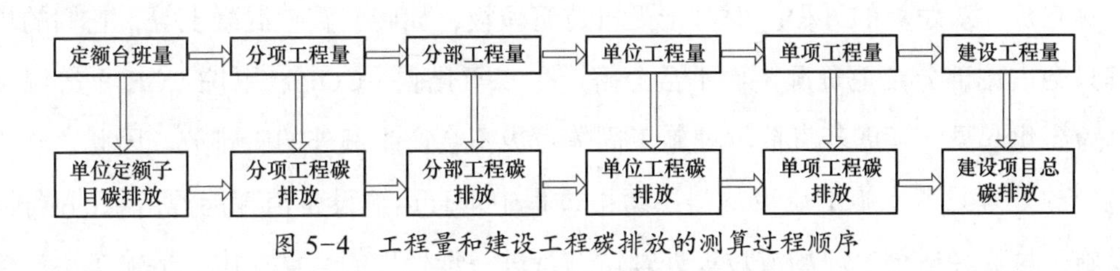

图 5-4　工程量和建设工程碳排放的测算过程顺序

基于上述分析，将建筑项目施工过程碳排放测算的对象划分为建材运输环节和现场施工环节，在此基础上，对每个环节进行细化，测算出各类施工机械及分部、分项工程的碳排放情况，最后根据划分对各环节的碳排放进行累加，可测算出整个施工过程的碳排放总量，测算过程见式（5-5），即

$$G_k = \sum_{r=1}^{n} Q_k \times AD_k \tag{5-5}$$

式中　G_k——建筑施工过程各环节的碳排放量；

Q_k——建筑施工过程定额子目 k 的单位碳排放系数；

AD_k——建筑施工过程定额子目 k 的工程量。

第四节　施工垃圾处理与利用过程碳排放测算

一、施工垃圾处理过程碳排放

1. 施工垃圾处理定额子目单位碳排放系数

施工垃圾指建筑项目在基础施工过程中所产生的工程渣土、金属、混凝土、沥青和模板等弃料和废水的总称。其中废水可以直接排出，工程渣土已在现场施工环节考虑，在垃圾处理过程不进行测算。余下的施工固体垃圾产生量估算公式为

$$B = R \times b \times k \tag{5-6}$$

式中　B——某建设项目施工固体垃圾的产生量；

R——建设项目的建筑面积；

b——单位建筑面积施工垃圾产生量基数，砖混结构建筑项目可取 0.05t/m^2；钢筋混凝土结构建筑项目可取 0.03t/m^2 进行测算；

K——施工垃圾产生量修正系数，经济发展较快城市或区域可取 1.10～1.20；经济发达城市或区域可取 1.00～1.10；普通城市可取 0.8～1.00。

施工固体垃圾处理方式主要包括就地填埋处理和外运至垃圾处理厂两种。其中，就地填埋为国内目前对于建筑垃圾处理最常用的方式，其温室气体主要来源于填埋时微生物分解有机建筑垃圾的过程。而对于无机建筑垃圾，如砖、石、混凝土等，它们的填埋处理只会占用部分土地资源，而不会分解产生二氧化碳（CO_2）、甲烷（CH_4）等温室气体。为简化起见，考虑若直接填埋施工固体垃圾不会产生额外的碳排放。因此，施工固体垃圾的处理只考虑施工垃圾从楼层运出过程中垂直运输设备消耗能源产生的碳排放，以及施工垃圾转运至填埋场或垃圾处理厂进行进一步处理的运输途中，运输车辆消耗柴油产生的碳排放。施工固体垃圾外运产生的碳排放测算与建材运输环节的测算方法相似，但该过程中的运输距离为固体垃圾从施工现场运输至施工垃圾处理厂的距离，对施工垃圾运输碳排放的考虑也主要体现在运输方式以及施工现场到垃圾处理厂之间运输距离长短的选择上。由于施工垃圾的运输距离无法给出精确的数据，假定施工垃圾一般从施工现场就近送往周边填埋场或垃圾处理厂，平均运输距离设默认值为 30km，采用公路运输。楼层运出垃圾时采用垂直运输机械，碳排放测算方式参考现场施工环节，具体碳排放测算式为

$$P_1 = \sum_{q=1}^{n} E_q \times X_q + \sum_{m=1}^{n}\sum_{z=1}^{t} C_m \times B_z \times L_z \tag{5-7}$$

式中 P_1——施工垃圾未资源化利用的定额子目单位碳排放系数；

E_q——q 类垂直运输机械的机械碳排放系数；

X_q——q 类垂直运输机械工作的台班量；

C_m——m 种运输车辆的运输碳排放系数；

B_z——z 类固体垃圾的运输量；

L_z——z 类固体垃圾从施工现场运至垃圾处理厂或填埋场的平均运输距离。

2. 垃圾处理过程碳排放定额编制分析

施工垃圾大多为固体废弃物，一般是在建设过程中产生的。不同结构类型建筑产生的施工垃圾中，各种成分含量有所不同，但基本组成是一致的。施工垃圾中各部分材料所占的大致比例及其利用建议见表 5-9。

表 5-9　　施工垃圾各部分比例及利用建议

垃圾组成	施工垃圾组成比例（%）	处置及利用建议
沥青	0.19	不可用填埋法处置，可再生利用
混凝土	26.16	不可用填埋法处置，可再生利用
石块、碎石	33.90	可直接填埋法处置，也可集中存放，作为工程备料
竹子、木料	15.38	可焚烧处理或再生利用
砖	7.10	可采用填埋法处置或再生利用
玻璃	0.80	可作为较为洁净的再生骨料
塑料管	1.61	可焚烧处理或再生利用
砂	2.41	可直接填埋法处置，也可集中存放，作为工程备料
金属	6.19	可再生利用
其他杂物	1.66	视情况回收利用或直接填埋
其他有机物	4.33	不可直接填埋处置
合计	100	

垃圾处理过程的工作内容包括将建造施工结束后的各项建筑废弃材料从各楼层清理运出后，再外运至水平距离 30km 左右的垃圾处理厂，清理归堆码放整齐。由于建筑工程消耗量定额中不包含垃圾处理的内容，X_q、L_z 等根据施工现场调研得到的数据进行测算，测算方法与现场施工环节和建材运输环节相同，本文不作赘述。建立的垃圾处理过程碳排放定额及其计量单位见表 5-10。

表 5-10　　垃圾处理过程碳排放定额及其计量单位

编号		A16-1	A16-2	A16-3	A16-4
项目		楼层运出垃圾		施工垃圾外运	
		垂直运距 15m 内	每增加 1m	运距 3km 内	每增加 1km
单位定额碳排放系数 /（$kgCO_2$/10t）		0.33	0.02	107.6	2.99
名称	代码	台班量 / 械碳排放量			
载货汽车 6t	J4-6	0.00/0.00	0.00/0.00	0.60/107.60	0.05/2.99
单笼施工电梯 1t 75m	J5-23	0.01/0.33	0.0005/0.02	0.00/0.00	0.00/0.00

二、施工垃圾再利用过程碳排放测算模型

1. 施工垃圾再利用定额子目的单位碳排放系数

施工垃圾处理过程可实现的碳减排方法包括采用节能技术和施工垃圾的减量化。施工垃圾的减量化是指通过加强施工管理，提高材料的利用效率或适当地降低过剩部分的产量，从源头减少因建筑材料浪费造成的施工垃圾产生，从而达到节能减排目的。节能

技术碳减排是指施工固体垃圾经垂直运输设备从各楼层运出后，采用垃圾处理技术或垃圾处理设施在施工现场将一部分固体垃圾或未利用的建材转化成为有用物质，再由建筑公司或废旧物资回收单位等回收、出售后再使用，以此来达到减少碳排放的目的。

在实际工程项目中，施工企业首先要进行施工垃圾的最小量化，使生产过程中尽可能产生较少的施工垃圾，然后通过增添垃圾处理设施或垃圾处理技术来充分合理的资源化利用已产生的施工垃圾，使施工垃圾处理过程中的碳排放量减少一定程度。因施工垃圾的减量化主要与施工企业改造施工流程、施工工艺等内容有关，本文暂不做讨论，故碳减排计算只考虑施工现场对施工固体垃圾进行资源化处理过程中所产生的碳排放。

施工垃圾资源化利用过程碳排放的测算方法与现场施工环节相同，采用节能技术减排方式处理施工垃圾所产生的碳排放与传统施工垃圾处理方式产生碳排放量的差值为通过节能技术碳减排方法减少的碳排放量，具体测算式为

$$P_2=\sum_{q=1}^{n}E_q\times X_q+\sum_{j=1}^{n}S_j\times Y_j \tag{5-8}$$

式中 P_2——施工垃圾资源化利用措施定额子目的单位碳排放系数；

E_q——q 类垂直运输机械的机械碳排放系数；

X_q——q 类垂直运输机械工作的台班量；

S_j——j 类垃圾处理设施的机械碳排放系数；

Y_j——j 类垃圾处理设施工作的台班量。

2. 垃圾再利用过程碳排放定额编制分析

实现施工垃圾处理过程碳排放减量的最重要手段之一，就是在施工垃圾进入环境之前，提取或使它转化为可利用的资源、能源和其他材料，通过回收、加工、循环使用等方式，对其加以充分合理的资源化利用，从而大大减轻后续处理对环境产生的影响。

绝大多数施工垃圾通过科学的方法和途径，是可以作为再生资源重新回收再利用的，施工垃圾处理再利用的方式主要有：废弃的碎砖、混凝土块、砖瓦等废料经破碎后可以代替粗细骨料，直接在施工现场用于生产相应强度等级的混凝土、砂浆等建材制品；粗细骨料添加固化类材料后，可用于公路路面基层；废弃竹木、木材类施工垃圾，无明显破坏的可直接再用于重建建筑，破损严重的木质构件可将其进行粉碎，再加工成各种再生板材。通过这些方法可以大量消耗施工固体垃圾从而降低温室气体的排放。

然而，在实际的建筑施工过程中，因配套管理标准不完善，绝大部分施工垃圾未经任何处理就被施工单位运往垃圾处理厂或就地填埋。运输和堆放过程中运输车辆消耗能源造成了环境污染。为提高施工垃圾资源化利用过程的标准化水平，本节结合施工固体

垃圾加工为再生骨料的资源化利用方式，对施工垃圾资源化过程碳排放定额的编制进行分析。

再生骨料是指将施工垃圾中的废旧混凝土、碎砖瓦等废料，经过分选、破碎等工艺加工而成，用于后续再生利用的颗粒。施工垃圾资源化过程中再生骨料生产的工作内容包括将大体积的施工垃圾进行粗破，便于混凝土块中的钢筋分离。经过粗破后，由人工进行分拣，主要分离施工垃圾中的钢筋、木材和塑料等杂质。分拣后的施工垃圾由装载机或自卸卡车运输到加料平台，倒入大料斗，连续均匀地喂入专门的施工垃圾再生材料生产设备，对施工垃圾进行多级破碎。将多级破碎后的施工垃圾进一步分拣出钢筋、铁钉等有利用价值的部分。经过进一步分拣去除杂质的物料采用筛分机经多级筛分，得到不同粒径的再生骨料。最后，将不能处置但有利用价值的钢筋、木材等物料送往相关部门综合利用，剩余无法利用的施工垃圾通过运输车辆送至垃圾处理厂进行处理。

本书中施工垃圾再利用过程碳排放定额中的测算数据依据《建筑垃圾处理技术标准》（CJJ/T 134—2019）相关规定以及现场直接调研的数据进行测算，机械能源利用效率参考湖南省台班费用定额，测算方法与施工过程碳排放定额一致。建立的垃圾再利用过程碳排放定额及其计量单位见表 5-11。

表 5-11　　垃圾再利用过程碳排放定额及其计量单位

编号	A16-5
项目	再生骨料
单位定额碳排放系数 /（kgCO/10t）	558.96
名称	台班量 / 机械碳排放量
施工垃圾破碎机 320t/h	0.15/360.74
轮胎式装载机 $3.0m^3$	0.36/110.10
履带式单斗挖掘机液压 $1m^3$	0.15/27.01
交流电弧焊机 32kV・A	0.08/6.49
滚筒式筛分机	0.15/3.16
钢筋打包机	0.15/17.28
自卸汽车 8t	0.06/8.44
鼓风机 $8m^3$/min	0.30/25.76

施工企业可供选择的施工垃圾资源化利用方案还有很多，不同的碳减排措施产生不同减排效果。编制完成的碳排放定额有利于施工企业快速计算和分析各种不同碳减排方案的效果，并与其他减排方案相比较，最终判断出更具有碳减排潜力的方案，从而指导施工企业的活动。

三、施工垃圾处理与利用过程碳排放

建筑施工碳排放定额的编制应以各类数据之间建立的平衡关系为基础。为进行施工垃圾处理与利用过程碳排放定额的编制，需要考虑减排前施工垃圾处理产生的碳排放量、在施工现场将施工垃圾就地资源化利用所产生的碳排放量以及采取减排措施后的碳减排量三个部分组成的平衡关系，如图 5-5 所示。

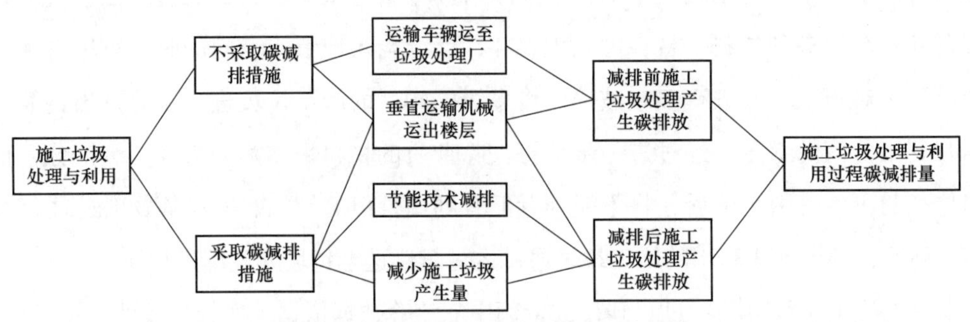

图 5-5　施工垃圾处理与利用过程减碳量

减排前施工垃圾处理产生的碳排放量以施工垃圾处理过程碳排放定额和建设项目实际的垃圾处理活动为基础测算得出，是未减排情况下施工垃圾处理的碳排放量；减排后施工垃圾处理产生的碳排放量根据不同的资源化利用方案来确定。根据实际建设项目的建筑面积，按式（5-6）换算出施工固体垃圾处理的工程量，可计算出建设项目施工垃圾处理与利用过程的碳排放量，具体测算方式为

$$H_i = \sum_{i=1}^{n} P_i \times AD_i \tag{5-9}$$

式中　H_i——施工垃圾处理与利用过程的碳排放量；

P_i——垃圾处理与利用过程定额子目 i 的单位碳排放系数；

AD_i——施工垃圾处理与利用过程定额子目 i 的工程量。

分别计算实施碳减排措施前后施工垃圾处理产生的碳排放量并进行对比，即可清晰地看出减排措施的减排成效，其关系式为

$$N = H_1 - H_2 \tag{5-10}$$

式中　N——施工垃圾资源化利用措施的碳减排量；

H_1——施工垃圾不经任何处理直接运往垃圾处理厂的碳排放量；

H_2——采取施工垃圾资源化利用措施的碳排放量。

四、建筑施工阶段碳排放总量计算

前文介绍了建材运输环节、建筑主体结构施工环节和施工固体垃圾处理与利用过程

的碳排放测算方法，汇总可以得到建筑项目在整个施工阶段的二氧化碳（CO_2）排放总量测算模型，即

$$G = G_1 + G_2 + H_1 - N \tag{5-11}$$

式中　G——变电站工程施工阶段碳排放总量；

G_1——现场施工环节碳排放量；

G_2——建材运输环节碳排放量；

H_1——施工垃圾不经任何处理直接运往垃圾处理厂的碳排放量；

N——施工垃圾资源化利用措施的减排量。

由于不同变电站项目的结构形式、建筑高度、建筑规模和建筑面积等各不相同，无法进行统一比较。本文以施工阶段时间边界范围内单位建筑面积的二氧化碳（CO_2）排放量作为评价指标，该指标越小，表明该变电站项目在施工阶段的单位建筑面积碳排放量越少，绿色施工水平越高。其测算公式为

$$ICO_2 = \frac{G}{A \times T} \tag{5-12}$$

式中　ICO_2——建筑工程施工阶段碳排放评价指标；

G——建筑工程施工阶段碳排放总量；

A——建筑项目的建筑面积；

T——建筑工程施工阶段碳排放测算的时间边界。

第六章 变电站环境保障设备与碳排放

变电站的运营会对环境产生一定的影响，其中环境保障设备的碳排放是变电站建筑全生命周期碳排放的主要组成之一。因此，采用先进的环境保障设备与技术，明晰设备的碳排放，从而在满足环境保障需求的同时减少环境保障设备碳排放，是变电站建筑低碳运营的基础。

本章将针对变电站建筑的环境保障设备及其碳排放的计算方法展开介绍。首先，通过对变电站建筑的通风、空调制冷、采暖、给排水以及照明等环境保障需求展开分析，指出环境保障所需要的设备类型；其次，对当前变电站建筑可以采用的环境保障设备及相关先进技术展开介绍；再次，介绍了变电站建筑的负荷预测方法，并基于碳排放系数法对变电站建筑各类环境保障设备的碳排放量计算方法进行了阐述；然后，通过厘清变电站建筑智能监控系统的设备组成，给出了变电站智能监控系统的设备能耗模型；最后，介绍了变电站建筑的可再生能源系统的能耗模型和发电量模型。

第一节 变电站建筑的环境保障需求

一、通风需求

由于变电站内的变压器、电抗器等电气设备在运行中均产生一定量的余热。因此，为保证设备运行环境，延长设备寿命，提高供电可靠性，需要对变电站内部进行通风设计，并且变电站内的通风系统设计明显区别于其他建筑。

变电站通风系统可分为正常工作下的排热通风和事故状态下的通风两种。排热通风主要是针对主变压室运行时散发的热量进行通风处理。事故通风主要分为 3 种，即六氟化硫（SF_6）气体绝缘电气设备间（Gas Insulated Switchgear，GIS）通风、蓄电池室通风和消防排烟通风。

1. 排热通风

（1）变压器室排热通风。变压器室排热通风系统设计主要取决于变压器散热器的设置方式，因此变压器室通风系统设计形式可根据变压器散热器的设置方式划分为以下两种：① 散热器与主变压器本体置于地下，通风系统将变压器所有散热排至地上，此种设置方式通风量巨大，通风系统宜采用离心式通风机，设置独立的通风机房，通风机房及进排风风道占地面积大；② 散热器置于地面，通风系统只需排出变压器本体散发的小部分余热，此种方式的通风量小，一般采用轴流风机即可，同时可有效地控制噪声的排放。另外，进出风口应有防止灰尘、雨水和小动物进入室内的设施，主变压器室通风量按照排出室内余热所需风量计算。变压器本体及其散热片在室内的散热量是非常大的，所以主变压器室必须要采取必要的通风换气措施，以排除余热降低室内温度。变压器室通风散热效果不好的原因主要有以下 3 点。

1）变压器室通风量不足。设计未按变压器满负载运行时的损耗计算最大通风量，部分变电站进风口面积不足、变压器室未设抽风机等情况均可能造成变压器室通风量不足。

2）变压器室气流组织不合理。变压器室位于地下，室内气流组织不合理极可能造成进排风短路，直接影响着主变压器的散热效果。

3）变压器室布局不良。变压器室过于狭小造成室内热量积聚，造成室内温度较高。

（2）电容室排热通风。电容器室的通风设计原理与变压器室相似，用自然通风排除室内余热，并设置低噪声轴流风机用于机械排风。安装一套温控装置控制风机，根据室内温度自动开启或关闭机械通风系统，从而在保证电容器运行环境的同时减少运行费用，延长设备使用寿命，当电容器室发生火灾时，连锁切断风机电源，避免火灾扩大。

2. 事故通风

（1）气体绝缘开关设备室事故通风。气体绝缘开关设备（Gas Insulated Switchgear，GIS）室内的电气设备发热量很小，但室内设备运行中可能会产生有毒的六氟化硫气体，因此通风系统需单独设置。六氟化硫（SF_6）气体在电气设备中经电晕、火花放电和高电压大电流电弧的作用，会产生大量有毒气体和杂质，会危及设备运行和检修人员的人身安全，因此必须采取有效的通风措施排除泄漏的 SF_6 气体。GIS 室通风设计采用自然进风和机械排风相结合的方案，事故排风量应按换气次数每小时不少于 6 次计算。在 GIS 室下部设置百叶进风口，上部和下部均设置轴流风机以满足室内通风需要。GIS 室正常运行时，开启下部轴流风机通风换气，SF_6 气体泄漏时由 SF_6 气体报警控制系统开启上部轴流风机，与下部轴流风机同时排风。GIS 室可采用双速风机，平时开启低速工况通风，事故后开启高速工况通风，迅速排出室内有害气体。

（2）蓄电池室事故通风。蓄电池室根据设备型式和当地的气象条件确定设置机械通风系统。防酸隔爆蓄电池室的通风应采用机械通风，通风量应按空气中的最大含氢量（按体积计）不超过 0.7% 计算，且换气次数应不少于每小时 6 次，室内空气不允许再循环，通风机与电动机应为防腐防爆型。通风机排风口靠近顶棚，以有效排除室内氢气。目前变电站普遍采用免维护蓄电池，正常运行时没有有害气体排出，事故时会排出少量氢气，事故通风换气次数不少于每小时 3 次即可满足要求。蓄电池室通风属于排除有害气体的事故通风。

3. 其他房间通风

变电站建筑的其他房间通风主要通过自然进风、自然排风实现，依照常规民用建筑去设计。卫生间通风采用自动除尘换气扇，外设自动防雨卷帘，内设振动过滤网。

二、空调制冷需求

变电站的空调系统设计与一般工业建筑无明显差别，空调系统应根据工程所在地、工程布置和运行使用等具体情况进行选择。变电站的空调系统设计应符合现行国家标准《工业建筑供暖通风与空气调节设计规范》（GB 50019—2015）的规定。变电站的主控室、计算机室、继电器室、通信机房及其他工艺设备要求的房间宜设置空调。空调房间的室内温度、湿度应满足工艺要求，工艺无特殊要求时，夏季设计温度为 26～28℃，冬季设计温度 18～20℃，相对湿度不高于 70%，空调设备一般不设置备用。

常规独立建设的变电站空调宜采用冷媒直接蒸发式分体空调机或多联式空调机，电气设备房间则建议采用机房专用空调，空调形式的选择必须根据具体工程的具体特点来确定，如空调面积较小的地上变电站，除工艺房间采用机房专用空调外，其他房间宜采用分体式空调机。而地上空调房间面积较大或者类似于地下变电站情形的冷媒管道超长的工程则采用多联式空调机，才能在满足工艺要求的基础上实现节能目的。

1. 建设在市区的地下变电站

建设在市区的地下变电站有时会建设有办公楼或其他用途的房间，此时地下变电站有较多的其他功能房间，宜采用多联机空调系统，可以满足灵活控制和节能的要求。

2. 独立建设的地下变电站

独立建设的地下变电站，设备房间采用单元式空调机。单元式空调机有着冷量大，配管灵活，使用寿命长等优点，适宜于地下变电站电气设备房间长时间开启空调的要求，降低空调的故障率和更换率。办公房间采用普通分体式空调机。

3. 地下变电站与城市大楼合建

当大楼设计有空调系统时，变电站空调系统可与大楼空调系统合用。空调系统的设计应根据工程特点灵活设计。需要特别注意的是，地下变电站地下空间相对湿度比较大，需要加强对湿度的控制。可根据现场情况设置独立工业除湿机。

三、给排水需求

变电站建筑的给排水系统和普通工业建筑类似，无须像通风一样考虑每个类型房间的特点。综合下来主要分为生活用水、消防用水、雨水排放、污废水排放。

1. 生活用水与消防用水

变电站供水系统在使用的过程中，需要充分考虑到市政供水管网的实际供水状况。变电站用水主要分为生活用水以及消防用水两种。对这两种供水管网方式分别进行水表的安装。一般小型变电站都会建在市区附近，统一配备市政供水管网，在一些没有具备市政供水能力的地方采用钻井的方式进行供水，比如一般落后地区或者规模比较大的变电站需要采用高塔来满足人们的日常生活以及消防需求。在设计上，站内工作人员生活用水量可采用25～35L/（人·班），小时变化系数采用2.5～3.0；站内工作人员淋浴用水量可采用40L/（人·班）～60L/（人·班），其延续时间为1h；消防用水量通过计算确定。

2. 雨水排放与污废水排放

变电所的排水主要包括生活污水、事故排水和变电所内雨水的排放，排水系统宜设置为自流排水系统，当不具备自流排水条件时可采用水泵升压排出方式。同时需要注意让变电站中的一些基础设备远离高压设备。

（1）雨水排放。变电站一般都是通过将雨水进行集中处理之后再进行排放，从而有效达到防护的目的。因此在进行变电站的设计过程当中，有必要做好排水系统的管理工作。变电站站内雨水一般都是有组织地进行排放，主要通过明沟、雨水口等对场地雨水进行收集，再通过雨水系统进行排放。对于依靠重力无法排出以及有防洪要求的变电站，则需设置自动排水系统。采用潜水泵机械排水，潜水泵须具备自动强制排水、异常报警功能，同时接入变电站智能辅助监控系统，保证变电站的雨水能顺利排出。如果变电站所在地区有市政雨水管网，就需要就近排放。若无市政排水系统，则排至变电站周围低洼处。

（2）工业污废水排放。变电站工业污废水主要为变电站运行过程中产生的污水，其最终连接位置是市政污水管道。变压器在运行过程中会产生污水，也需要进行污水的处理工作，但是若是处理不当往往会出现事故造成变压器的故障。变压器由于其工作特性会有一部分变压器油流入排水管道，需要对这部分进行处理，防止堵塞。在完成了油水分离之后，再进行变压器油污的回收过程，需要将污水分离，排入到污水管道中。当然在周边没有污水管道时，可以将污水进行处理之后达到标准再进行排到河流中。

（3）生活污废水排放。由于变电站内人员较少，其生活污废水量也较小，主要为值班室厨房产生的废水和卫生间产生的污水，通过管道排至化粪池处理后，接入市政污水系统。如果变电站周围没有市政污水管网，为了不影响环境，需对污水处理设备定期清掏，污水不外排。对于一些农村和山区变电站排水系统，可以采用一体化污水处理设备进行生活排水处理。处理完毕后，变电站排水应满足相关标准的要求，将排水引入到周围可靠的排放点，以降低污水对周边环境的影响。

（4）特殊排水。在变电站的使用过程中，由于其设备众多，且有很多电气设备，大部分设备在使用的过程中都需要配有冷却用油。因火灾或故障等，设备会排出冷却油。因此要设置一座特殊的排水构筑物，即事故油池，来收集这些冷却油。事故油池在使用的时候能够合理地利用油与水的比重差达到排水储油的目的，减少油污对环境的污染。变电站中油量最大的为主变压器，以往的变电站设计按规范要求，事故油池容量按主变压器油量的 60% 设置。而《火力发电厂与变电站设计防火标准》（GB 50229—2019）则要求事故油池容量需按主变压器油量 100% 设置。这就要求在对早期的变电站进行扩、改建的时候对事故油池进行扩容，避免因事故油池容量不足导致事故油排入排水系统而影响环境。当因为场地的限制，变电站没有位置可以扩建事故油池时，需将原有事故油池拆除，原地新建一个容量满足要求的事故油池。在施工过程中，为了防止事故油泄漏，造成环境污染，可在油池施工阶段，租借储油罐作为临时措施，保证事故油不外泄。

四、照明需求

根据不同的划分原则对变电站照明系统进行划分。按照装设方式不同划分，可以分为一般照明、局部照明、混合照明。按照照明性质不同划分，可以分为正常照明和事故照明。按照安装位置不同划分，可以分为室外照明和室内照明。室外照明包括设备区照明、道路照明等。室内照明包括配电室照明、控制室照明、走廊照明、生活间照明等。

根据变电站不同区域对照度的要求不同，选择合适的照明灯具与数量，来满足标准。变电站各个区域照度标准见表 6-1。

表 6-1　　变电站各个区域照度标准

工作场所		照度值 / lx
室内	主控室 / 值班室	300
	控制室	300
	配电装置室	200
	变电器室 / 电容器室	100
	蓄电池室	50
	电缆隧道	15
	生活间	50
	检修间	50
室外	设备标志	10
	操作机构	10
	通道	5

变电站照明设施的选择和设计应满足以下几点要求。

（1）节约成本，优化配置以降低维护成本。

（2）满足照度要求。保证各个场所工作面上的照度达到规定的标准照度值，至少不低于要求的最低照度值。

（3）选择合适的照明器。不同场所对照明的要求不同，各种照明器的特点也不同，应该结合使用场所的环境条件和各种照明器的特点合理选用。

（4）保证安全距离。变电站内高压设备较多，照明设施布置必须首先考虑与带电设备间的安全距离，保证在更换灯具时与不停电设备的安全距离足够。

（5）整体布置。照明设施整体应均外布置，这样可以使得照度均匀，光线射向适当，光源安装容量减至最小，并且总体布置显得整齐、美观、协调。且照明器间的距离 L 和计算高度 H 之比值应恰当，保证照明均匀度的同时，提高经济性。

（6）装设高度与位置。为控制眩光，照明器的悬挂高度不宜太低，而出于方便维护考虑，照明器的悬挂高度也不宜太高。比如，层高在 3.5～4.5m 的室内场所般灯具布置在 2～3m 处为宜。照明器应避免安装在母线上方、水池处等，以保证维护方便与设备安全。

（7）事故照明。可能引起事故的场所、重要设备和材料处、主要通道和出入口处应设置事故照明。

（8）在不同场所的布置照明设施时，应注意结合所在场所的环境特点，综合考虑各方面因素，作出最合理的设计。

第二节　环境保障设备及先进技术

一、通风设备

根据风流在通风机叶轮内部的流动方向不同，可分为离心式通风机和轴流式通风机两种。其中离心式通风机中的风流沿轴向流入叶轮，经叶轮后转为径向流出，轴流式通风机中的风流沿轴向流入叶轮，经叶轮后仍沿轴向流出。

1. 离心式通风机

离心式通风机主要由叶轮、蜗壳、进口集流器、导流片、联轴器、轴、电动机等部件组成，如图 6-1 所示。旋转叶轮的功能是从空气获得能量，蜗壳的功能是收集空气，并将空气的动压有效地转化为静压。离心式通风机适用于流量较小、风压较大、转速较低的情况。其工作原理是叶轮旋转产生的离心力使空气获得动能，然后经蜗壳和排气口扩散段将部分动能转化为静压。这样，风机出口的空气就是具有一定静压的风流。

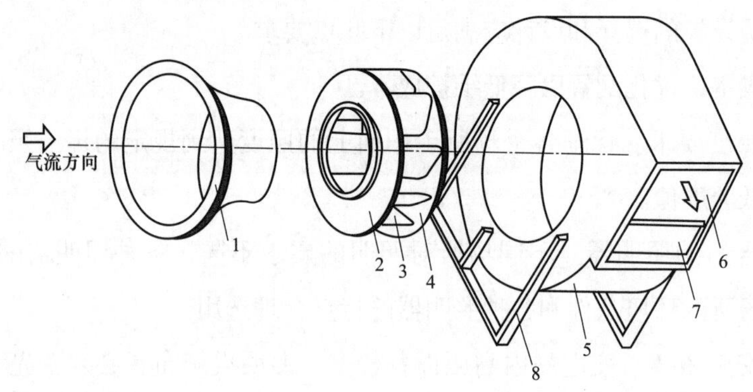

图 6-1 离心式通风机

1—吸气口；2—叶轮前盘；3—叶片；4—叶轮后盘；5—蜗壳；6—排气口；7—截流板（风舌）；8—支架

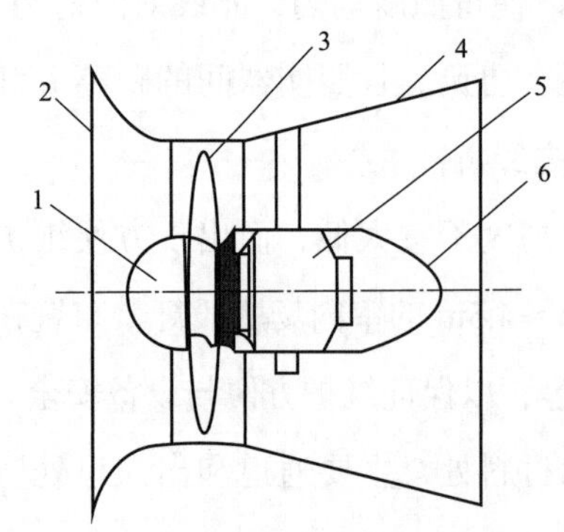

图 6-2 轴流式通风机的组成

1—前整流罩；2—整流器；3—叶片；4—扩散筒；5—电动机；6—后整流罩

2. 轴流风机

轴流式通风机主要由进风口、电动机、整流器、主体风筒、扩散器和传动轴等部件组成，如图 6-2 所示。

轴流式通风机可以通过改变叶片安装角度、叶轮级数或叶轮数量等进行工况调节，经济性也较好。轴流式通风机适用于流量较大、风压较小、转速较高的情况。通常当风压在 1000Pa 以下时，应尽量选用轴流式通风机。

变电站中常见轴流式通风机种类包括：并联式轴流风机（对功率要求高）、低噪声轴流风机、玻璃钢轴流风机、防爆型轴流风机、并联式轴流风机、百叶风口加装过滤器屋顶轴流风机、屋顶风机。

二、空调系统

1. 分体式空调与单元式空调机

分体式空调由室内机和室外机组成，分别安装在室内和室外，中间通过管路和电线连接。单元式空调机是一体机，无内、外机之分。分体式空调和单元式空调机组相比于多联机系统更加灵活，具有噪声小，检修方便等特点。其工作原理为空调在制冷运行时，低温低压的制冷剂气体被压缩机吸入后加压变成高温高压的制冷剂气体，高温高压的制冷剂气体在室外换热器中放热（通过冷凝器冷凝）变成中温高压的液体（热量通过室外循环空气带走），中温高压的液体再经过节流部件节流降压后变为低温低压的液体，低温低压的液体制冷剂在室内换热器中吸热蒸发后变为中高温低压的气体（室内空气经过换热器表面被冷却降温，达到使室内温度下降的目的），低温低压的制冷剂气体再被压缩机吸入，如此循环。

随着变电站自动化水平的提高，变电站的值班和值守人数和时间要求更为灵活，因此许多变电站对于舒适性空调的需求并不高。这使得分体式空调和单元式空调被广泛用作变电站的舒适性空调。

2. 多联机空调系统

多联式空调机组（简称多联机）是由室外机配置多台室内机组成的冷剂式空调系统。为了适时地满足各房间冷、热负荷的要求，多联机采用电子膨胀阀控制供给各个室内机盘管的制冷剂流量，并通过控制压缩机改变系统的制冷剂循环量。其工作原理大致为室内温度传感器控制室内机制冷剂管道上的电子膨胀阀，通过制冷剂压力的变化，对室外机的制冷压缩机进行变频调速控制或改变压缩机的运行台数、工作气缸数、节流阀开度等，使系统的制冷流量变化，使系统可以随负荷变化而改变供冷量或供热量。多联机空调系统如图 6-3 所示。

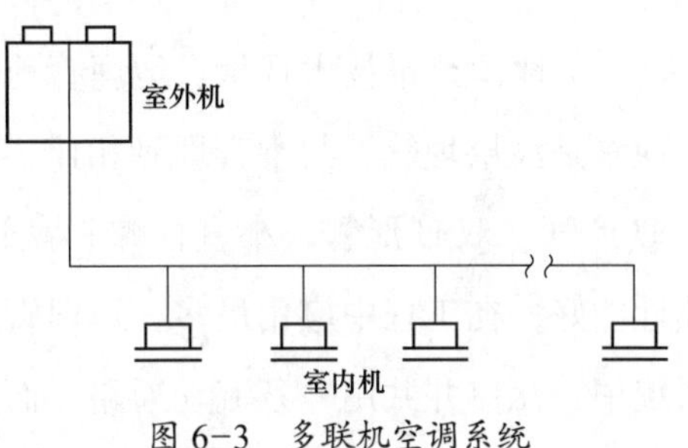

图 6-3　多联机空调系统

按改变压缩机制冷剂流量的方式分类，多联机空调系统可分为变频式和定频式（如数码涡旋、多台压缩机组合等）两类，交流变频和直流变频的主要区别是采用的电机不同，交流变频采用交流电机，直流变频采用直流电机。

按功能，多联机空调系统可分为单冷型、热泵型、热回收型及蓄热型 4 个类型。

按制冷时的冷却介质，多联机空调系统可分为风冷式和水冷式两类。风冷式系统是以空气为换热介质，空气作为单冷型系统的冷却介质，却作为热泵型系统的热源和热汇。水冷式系统是以水作为换热介质，与风冷系统相比多了一套水系统，系统相对复杂，但系统的性能系数较高。

3. 地源热泵式空调系统

（1）地源热泵技术简介。地源热泵系统指以岩土体、地下水或地表水为低温热源，由水源热泵机组、地热能交换系统、建筑物内系统组成的供热空调系统。地源热泵空调技术是利用地表浅层水源（地下水、江、河、湖、海）土壤吸收的太阳能和地热能而形成的低位热能，采用热泵原理，通过少量的电能输出，实现低位热能向高位热能转移的一种技术。其技术有节能高效、性能稳定、环保等优点。对于半地下或全地下变电站，地源热泵空调系统契合度非常高，地源热泵系统原理如图 6-4 所示。

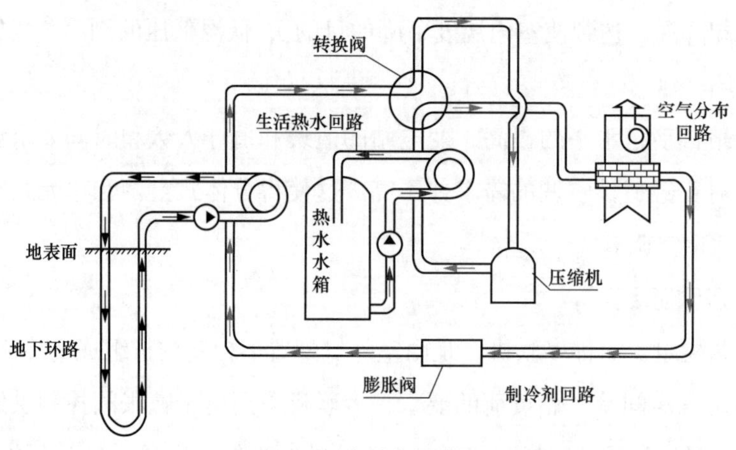

图 6-4 地源热泵系统

（2）地源热泵技术现状。地埋管地源热泵系统有水平埋管、垂直埋管两种。水平埋管通常是浅层埋管，与垂直埋管相比，起初投资略低，但换热性能低很多。垂直埋管有单 U 形管、双 U 形管、小直径螺旋盘管、单管式管等型式。其中 U 形管施工简单，换热性能好，在工程中应用最多。地埋管换热器流体的环路形式分为串联和并联。在串联系统中，几口井共用一条流动通路，而并联系统则是一个井单独配一条流动通路。在工程实践中，中、深埋管多采用并联系统，浅埋管多采用串联系统，结合变电站建筑特点，变电站地埋管地源热泵系统选择 U 形垂直埋管并联环路。

地下水式地源热泵系统：地下水源热泵系统以地下水为热源，地下水和建筑物内循环水通常用板式换热器隔开，包括取水井和回灌井。冬季，换热装置与地下水进行换热，吸收热量对建筑物进行供暖，供暖之后水温降低，再经过循环管排到地下换热器与地下水进行换热，如此循环工作。夏季，热泵机组产生冷凝热，地下水通过循环管将冷凝热带走，达到对室内降温的目的。地下水源热泵系统不易损坏，运行和维护过程需要的人力物力较少，室外施工费用较低，且不需要占地面积，换热效率较高，节能效果显著，不产生任何污染。但是，地下水源热泵在运行过程中如果管理不善可能会引起地下水温升高，工程面积如果过大容易导致地面沉降。

4. 蓄能空调技术

在当前电力供需矛盾和可再生能源发展的背景下，蓄能空调技术得到了社会各界的关注。蓄能空调能平衡电网的负荷，充分发挥电站的发电效率，保障电网安全；对于空调用户而言，能充分利用不同用电时段的电费差价，节省大量的运行电费，同时保障空调需求。

三、工业除湿机

除湿机简单来说就是通过风机将潮湿空气吸进机器，通过热交换系统把空气中的水分冷凝成水珠，然后将处理过后的干燥空气排出机外，通过空气循环降低相对湿度。除湿机又称为抽湿机、干燥机、除湿器，一般可分为家用除湿机、商用除湿机及工业除湿机三大类。在变电站这里应用工业除湿机，通常，常规除湿机由压缩机、内螺纹铜管、传感器、涡轮风机、盛水器、机壳及控制器组成。

四、照明设备

1. 普通节能灯

目前国内主要使用的节能灯有紧凑型荧光灯、卤化灯、高压钠灯、直管荧光灯等。紧凑型荧光灯在我国主要应用在家庭、库室、车间、会议室等场所。从能耗上来看，相较于白炽灯，紧凑型荧光灯的电能消耗小得多。高压钠灯在工厂或者仓库中应用比较广泛，直管荧光灯的使用在我国占大多数。

2. LED 灯

考虑到变电站的运行特点，在变电站中的照明系统可以更多地运用 LED 灯。

LED 即发光二极管（Light Emitting Diode），是一种常用的发光器件，由含镓（Ga）、砷（As）、磷（P）、氮（N）等的化合物制成，通过电子与空穴复合释放能量发光，可高效地将电能转化为光能。

在能耗方面，LED 灯的能耗是白炽灯的 1/10，是节能灯的 1/4，可以在高速开关状态工作。LED 灯内部不含有任何的汞等重金属材料，较为环保响应速度快。

第三节　环境保障系统碳排放计算方法

本章以碳排放系数法为主要方法，对变电站建筑环境保障设备的运行碳排放计算进行介绍。目前国际上较为认可的关于碳排放的核算方法主要包括实测法、物料衡算法、排放系数法及投入产出分析法。其中碳排放系数法是目前广泛应用的碳排放计算方法，对建筑设备运行阶段的碳排放具有很好的适用性。

变电站建筑运行阶段碳排放计算范围应包括暖通空调、生活热水、照明及电梯、可再生能源、建筑碳汇系统在建筑运行期间的碳排放量。其运行阶段碳排放应根据各系统不同类型能源消耗量和不同类型能源的碳排放因子确定，变电站建筑运行阶段单位建筑面积的总碳排放量（C_M）应按式（6-1）和式（6-2）计算，即

$$C_{\mathrm{M}}=\frac{[\sum_{i=1}^{n}(E_iEF_i)-C_{\mathrm{P}}]y}{A} \tag{6-1}$$

$$E_i=\sum_{j=1}^{n}(E_{i,j}-ER_{i,j}) \tag{6-2}$$

式中 C_{M}——建筑运行阶段单位建筑面积碳排放量，$kgCO_2/m^2$；

E_i——建筑第 i 类能源年消耗量，单位 /a；

EF_i——第 i 类能源的碳排放因子，按《建筑碳排放计算标准》（GB/T 51366—2019）附录 A 取值；

$E_{i,j}$——j 类系统的第 i 类能源消耗量，单位 /a；

$ER_{i,j}$——j 类系统消耗由可再生能源系统提供的第 i 类能源量，单位 /a；

i——建筑消耗终端能源类型，包括电力、燃气、石油、市政热力等；

j——建筑用能系统类型，包括供暖空调、照明、生活热水系统等；

C_{P}——建筑绿地碳汇系统年减碳量，$kgCO_2/a$；

y——建筑设计寿命，a；

A——建筑面积，m^2。

下面主要对变电站建筑各设备的能耗进行分析。

一、变电站建筑供暖和空调系统能耗

1. 分体式空调

当空调的输入功率可以直接看出时，空调的耗电量为

$$E_{\mathrm{ft}}=P_{\mathrm{ft}}T_{\mathrm{ft}} \tag{6-3}$$

式中 E_{ft}——分体式空调的全年耗电量，kWh；

P_{ft}——分体式空调的输入功率，kW；

T_{ft}——分体式空调的全年使用时间，h。

当空调的制冷能效比已知，可通过已计算的变电站建筑制冷量，求出空调的制冷输入功率，然后再将输入功率代入式（6-3），计算式为

$$P_{\mathrm{ft}}=\frac{Q_{\mathrm{c}}}{\mathrm{COP}_{\mathrm{ft,c}}} \tag{6-4}$$

式中 Q_{c}——变电站建筑的制冷量，kW；

$\mathrm{COP}_{\mathrm{ft,c}}$——分体式空调的制冷能效比。

同样，已知制热能效比和变电站建筑的制热量，可得空调的制热输入功率为

$$P_{\mathrm{ft}}=\frac{Q_{\mathrm{h}}}{\mathrm{COP}_{\mathrm{ft,h}}} \tag{6-5}$$

式中　Q_h——变电站建筑的制热量，kW；

$COP_{ft,h}$——分体式空调的制热能效比。

若空调的 COP 也未知时，可根据空调的匹数和能效等级进行大致估算制冷量，然后再根据上面的方法进行计算，即

$$Q_c = 2.5n \tag{6-6}$$

$$P_{ft} = \frac{Q_c}{COP_{ft,c}} \tag{6-7}$$

式中　n——分体式空调的匹数，1 匹空调的制冷量为 2.5kW；

$COP_{ft,c}$——分体式空调的制冷能效比，根据能效等级，1 级能效比为 3.40 及以上，2 级能效比为 3.20～3.39，3 级能效比为 3.00～3.19，4 级能效比为 2.80～2.99，5 级能效比为 2.60～2.79。

2. 中央空调

中央空调系统的能耗也可按 COP 进行大致估算，方法和分体式空调类似，即

$$P_{zy} = \frac{Q_c}{COP_{zy,c}} \tag{6-8}$$

式中　P_{zy}——中央空调的输入功率，kW；

Q_c——变电站建筑的制冷量，kW；

$COP_{zy,c}$——中央空调的制冷能效比。

$$E_{zy}=P_{zy}T_{zy} \tag{6-9}$$

式中　E_{zy}——中央空调的全年耗电量，kWh；

T_{zy}——中央空调的全年使用时间，h。

在实际的运行中，中央空调系统的制冷量是随着空调末端负荷变化而变化的，因此中央空调系统是通过负荷的变化而需要调整其运行状态的，在调整的过程中势必会导致中央空调系统运行功率的变化，因此可对中央空调系统各耗能设备单独建立能耗模型，整个系统的能耗为各设备能耗之和。

二、变电站建筑通风系统能耗

用于厨房通风、设备间通风的耗功率和通风系统耗电量可按式（6-24）和式（6-25）计算，即

$$W_{v,i} = W_{s,i}V_i = \frac{P_iV_i}{3600\eta_{cd,i}\eta_{f,i}} \tag{6-10}$$

式中　$W_{v,i}$——通风系统耗功率，W；

$W_{s,i}$——通风系统单位风量耗功率，W/（m³/h）；

V_i——通风系统送风量，m³/h；

P_i——通风系统风机的风压，Pa；

$\eta_{cd,i}$——电机及传动效率；

$\eta_{f,i}$——风机效率。

$$E_{vent} = \sum_i W_{v,i} t_{dv,i} F_{v,i} 10^{-3} \quad (6-11)$$

式中 E_{vent}——通风系统耗电量，kWh；

$t_{dv,i}$——通风系统年运行小时数，h；

$F_{v,i}$——通风系统风机的同时使用系数。

通风机运转年限内平均每年电能消耗可按式（6-26）确定，即

$$E_{tf} = \frac{P_d T_{tf}}{\eta_{nep} \eta_{nB} \eta_c} \quad (6-12)$$

式中 E_{tf}——通风机运转年限内平均每年电能消耗，kW；

P_d——电动机的运行功率，kW；

η_{nep}——通风机的传动效率；

η_{nB}——电动机效率，平均取 0.9；

η_c——电网效率，平均取 0.95；

T_{tf}——通风机每年运转的小时数，h。

三、变电站建筑生活热水系统能耗

变电站生活热水年耗热量按照式（6-27）和式（6-28）进行计算，即

$$Q_{rp} = 4.187 \frac{m q_r C_r (t_r - t_l) \rho_r}{1000} \quad (6-13)$$

式中 Q_{rp}——生活热水小时平均耗热量，kWh；

m——用水计算单位数（人数或床位数，取其一）；

q_r——热水用水定额，按《民用建筑节水设计标准》（GB 50555—2010）确定，L/人；

ρ_r——热水密度，kg/L；

t_r——设计热水温度，℃；

t_l——设计冷水温度，℃。

$$Q_r = T Q_{rp} \quad (6-14)$$

式中 Q_r——生活热水年耗热量，kWh/a；

T——年生活热水使用小时数，h。

建筑生活热水系统能耗应按式（6-29）计算，且计算采用的生活热水系统的热源效率应与设计文件一致，即

$$E_w = \frac{\frac{Q_r}{\eta_r} - Q_s}{\eta_w} \tag{6-15}$$

式中　E_w——生活热水系统年能源消耗，kWh/a；

Q_r——生活热水年耗热量，kWh/a；

Q_s——太阳能系统提供的生活热水热量，kWh/a；

η_r——生活热水输配效率，包括热水系统的输配能耗、管道热损失、生活热水二次循环及储存的热损失，%；

η_w——生活热水系统热源年平均效率，%。

四、变电站建筑照明及电梯系统能耗

当变电站照明系统无光电自动控制系统时，其能耗计算可按式（6-30）计算，即

$$E_l = \frac{\sum_{j=1}^{365}\sum_{i} P_{i,j} A_i t_{i,j} + 24 P_p A}{1000} \tag{6-16}$$

式中　E_l——照明系统年能耗，kWh/a；

$P_{i,j}$——第 j 日第 i 个房间照明功率密度值，W/m^2；

A_i——第 i 个房间照明面积，m^2；

$t_{i,j}$——第 j 日第 i 个房间照明时间，h；

$P_{i,j}$——应急灯照明功率密度，W/m^2；

A——建筑面积，m^2。

电梯系统能耗应按式（6-31）计算，且计算中采用的电梯速度、额定载重量、特定能量消耗等参数应与设计文件或产品铭牌一致，即

$$E_e = \frac{3.6 P t_a v W + E_{standby} t_s}{1000} \tag{6-17}$$

式中　E_e——年电梯能耗，kWh/a；

P——特定能量消耗，mMh/（kg·m）；

t_a——电梯年平均运行小时数，h；

v——电梯速度，m/s；

W——电梯额定载重量，kg；

$E_{standby}$——电梯待机时能耗，W；

t_s——电梯年平均待机小时数，h。

五、变电站建筑给排水系统能耗

变电站建筑的给排水系统和普通工业建筑类似，无须像通风一样考虑每个类型房间的特点，其主要设备为水泵，可分为定频水泵和变频水泵。

1. 定频水泵能耗数学模型

定频水泵的输配水量以及转速不会随着末端负荷的改变而改变，在整个运行过程中，功率都是恒定的，数值为水泵铭牌标注，能耗值为铭牌功率值与时间的乘积，即

$$E_{ds}=P_{ds}T_{ds} \tag{6-18}$$

式中　E_{ds}——冷冻水泵能耗，kWh；

P_{ds}——冷冻水泵功率，kW；

T_{ds}——冷冻水泵运行时间，h。

2. 变频水泵能耗数学模型

变频调速水泵主要由电动机、变频器、水泵共同组成。水泵根据末端负荷的变化，改变电机的输出功率，进而使水泵的转速发生变化，使水泵在部分负荷条件下输出的流量与末端所需相匹配，达到降低水泵能耗的目的。计算不同负荷率下变频器与电动机的效率值，确定变频水泵的能耗，有

$$\eta_m(x)=0.94187(1-e^{-9.04x}) \tag{6-19}$$

式中　x——负荷率。

$$\eta_{vfd}(x)=0.5067+1.283x-1.42x^2+0.5842x^3 \tag{6-20}$$

$$\eta=\eta_p\eta_m\eta_{vfd} \tag{6-21}$$

式中　η——水泵综合效率；

η_p——水泵运行效率；

η_m——电机效率；

η_{vfd}——变频器效率。

$$E=\frac{\rho gHQT}{3600\eta_m\eta_{vfd}} \tag{6-22}$$

式中　E——水泵能耗，kWh；

ρ——水密度，kg/m³；

g——重力加速度，取 9.8m/s^2；

H——泵扬程，m；

Q——水泵流量，m^3/h；

T——水泵的年运行时间，h。

六、变电站建筑负荷预测方法

1. 统计模型预测法

统计模型预测法以历史数据为基础，是基于历史数据的外推法，利用统计学等相关技术手段对数据进行科学分析，建立负荷预测模型。此类方法主要有回归分析法、时间序列法、神经网络法、支持向量机法、灰色理论法等以及各种方法的综合应用。

（1）神经网络法。神经网络法选取过去一段时间的负荷作为训练样本，构建适宜的网络结构，用某种训练算法对网络进行训练，使其满足精度要求之后，此神经网络作为负荷预测模型。该方法主要基于主成分分析（PCA）和长短记忆（LSTM）神经网络空调负荷预测，利用主成分分析法对影响建筑负荷的多元数据进行降维，得到主成分数据序列；然后建立基于 PCA-LSTM 神经网络的建筑负荷预测模型；通过对某建筑负荷的数据进行仿真验证，并通过与传统 BP 预测模型以及不进行主成分分析的 LSTM 预测模型进行对比分析，仿真结果显示所提预测方法具有更高的精度和更好的泛化性。

（2）回归分析法。回归分析预测方法是根据历史数据的变化规律和影响负荷变化的因素，寻找自变量与因变量之间的相关关系及其回归方程式，确定模型参数，据此推断将来时刻的负荷值。回归分析法的优点是计算原理和结构形式简单，预测速度快，外推性能好，对于历史上没有出现的情况有较好的预测。存在的不足是对历史数据要求较高，采用线性方法描述比较复杂的问题，结构形式过于简单，精度较低；该模型无法详细描述各种影响负荷的因素，模型初始化难度较大，需要丰富的经验和较高的技巧。

（3）其他统计模型预测法。利用统计模型进行建筑负荷预测的特点是以建筑能耗审计数据作为基础，采用一定的数学方法分析数据内在规律，得到负荷预测模型，预测未来的建筑冷负荷。此方法工作量大，物理意义不明显，应用起来存在一定的困难。首先，该方法需要大量的建筑逐时负荷数据作为基础，而审计部门一般是对能耗总量的统计，很难获得逐时的动态数据；其次，统计数据大都以单体建筑能耗为单位进行统计，而在城市能源规划阶段需要的是某类型建筑的负荷、能耗数据，这也就对数据的代表性提出了要求。所以，将统计模型应用于城区能源规划阶段的负荷预测的前提是做好建筑能耗审计工作，积累足够的能耗数据作为分析预测模型的基础。

2. 单位面积负荷法

单位面积负荷法是指采用单位面积负荷指标估算出各单体建筑的负荷，再把各单体建筑的负荷简单叠加，然后乘以同时使用系数，这是一种静态的方法，不能反映区域中负荷的时间动态特性。建筑负荷计算采用公式为

$$Q = q \cdot A \times 10^{-3} \tag{6-23}$$

式中 Q——设计负荷，kW；

q——负荷指标，W/m^2；

A——建筑面积，m^2。

单位面积负荷法是工程上常用的方法，但是存在很多问题。影响建筑负荷的因素很多，不同类型建筑出现最大负荷的时间不同，甚至相差很大。负荷指标只反映多种影响因素共同作用和叠加作用下的负荷需求，而且多种影响因素同时出现的概率很小。在区域级别上，区域内所有建筑同时出现多个影响因素的概率就会更小。对于舒适性空调而言，即使出现这种小概率事件，对个别室内环境有一定的不保证率也是允许的。同时使用系数的选取常根据规范及项目调研，缺乏理论依据，而且工程实践中使用面积负荷指标法常常高估区域建筑群负荷。

3. 人均用电指标法

人均用电指标法是城市规划阶段常用的一种预测电力负荷的方法，城市用电负荷等于人数乘以人均用电指标。该指标受规划期内城市社会经济发展、人口规模、资源条件、人民物质文化生活水平、电力供应程度等因素的制约，虽然该方法应用简单快捷，但人均用电指标较难确定，预测结果偏差较大，在变电站建筑中仅用来预估人员用电负荷，做参考对比。

4. 合成法与能量预报法

在大型变电站建筑中，将整个变电站分成相对独立的小个体，以单个个体为基本单位，统计每一相对单独个体的用电设备种类及每种设备的平均用电水平，最终将所有个体的数据进行汇总统计。能量预报法对整体区域内的用电情形分为不同类型如员工生活用电，设备运行用电等，预测各类用电的年负荷率，年耗电量与负荷率的比值即为负荷峰值，根据各类用电的负荷峰值及其比例因数即可得系统总峰值。

5. 仿真模拟法

常用建筑能耗仿真模拟软件包括 DesignBuilder、DeST、EnergyPlus、DOE-2、eQUEST、TRNSYS、Dymola 等。

（1）eQUEST。eQUEST 采用反应系数法计算建筑围护结构的传热量，根据室外

气象参数、围护结构传热系数，首先计算出室内温度以及室内得热量进而计算出负荷。eQUEST 的计算过程是一个动态平衡的过程，后一时刻室内温度、冷热负荷以及供暖空调设备的耗电量要受前一时刻的影响，在 eQUEST 中还可以轻松地设定各种空调系统形式，然后在需要计算电耗的地方设置电能表，输入电价，从而可以很好地计算出系统各部分的耗电量，同时也可以设置燃气表，计算系统的耗燃气量，这就使计算内容更加翔实，更具应用价值。

（2）TRNSYS。TRNSYS（Transient Systems Simulation）由美国威斯康星大学（University of Wisconsin–Madison）的太阳能实验室开发，并在德国太阳能研究中心（TRANSSOLAR）、法国建筑技术与科学中心（CSTB）等研究所的共同努力下逐步完善。TRNSYS 要求用户自己用模块（如建筑区域、外墙、窗、太阳辐射处理器、恒温器、冷盘管等）搭建建筑模型。程序中有一个忽略建筑蓄热的简单的传导模块用来模拟轻质住宅建筑，该模块的一个部件（TYPE35）是有限元的蓄能墙体（Trombe 墙）。对于更为精确的负荷计算，可以用单区域（TYPE19）和多区域（TYPE56）模块，这两个模块是采用传递函数法计算墙体传热，用热平衡法计算房间负荷。每个建筑表面之间的热辐射在该程序之外建立辐射角系数矩阵进行计算。TYPE19 和 TYPE56 模块模拟计算每个时间步长的房间内表面温度。程序有建筑材料和标准围护结构库，也提供与 LBNL 的 WINDOW 的链接。可以定义墙和窗的朝向，但不能对建筑进行详细的几何描述。渗透风量根据室外温度和风速计算。与 COMIS 的链接使用户可以详细模拟随室外风压、烟囱效应和风机压头变化的区域之间的空气流动。

（3）EnergyPlus。EnergyPlus 是在 DOE-2、BLAST 的基础上研发的一个功能更加强大的建筑能耗模拟软件，EnergyPlus 能精确地处理较为复杂的各类建筑。它的精确之处主要在于，它在处理建筑热过程的时候，考虑到了很多方面的因素，包括建筑的遮挡、绿化、风、光、雨、雪等，在这方面，可以说是同类软件中最为全面的。

6. 情景分析法

情景分析法是模拟预测法的简化计算，在进行区域负荷与能耗模拟时，常常无法对区域内的每一幢建筑进行详细的建模。由于缺乏详细参数，需要在很多参数不确定或者未知的情况下进行定性分析，设定可能发生的几种情景，通过典型参数代表全时间空间的结果。如预测冷负荷时，可以利用情景选取一些关键时刻点，利用模拟软件计算出各建筑在各点的冷负荷，然后得到一系列冷负荷的离散点，连接这些点就可以得到每日 24h 周期内冷负荷的变化趋势，即应用情景分析（Scenario Analysis）法。

情景分析法可对影响建筑负荷的多种不确定因素（建筑朝向、围护结构热工参数、室内负荷强度、建筑使用时间表等）进行情景设置，用软件计算不同情景下的建筑负荷，再根据城区功能定位，相似城区建筑用能调研等条件，给定不同情景负荷出现的概率，从而预测建筑群负荷。

第四节　变电站建筑智能监控系统

一、变电站智能监控系统设备组成及功能

变电站智能监控系统由站监控主机、综合应用服务器、数据通信网关机、测控装置等组成，它是在智能组件、继电保护装置及安全自动装置等支持下实现保护信息子站及数据采集、运行监视、操作与控制、智能告警、故障分析、源端维护、数据辨识功能的监控系统，主要通过系统集成优化和信息共享，实现电网和设备运行信息、状态监测信息、辅助设备监测信息、计量信息等变电站信息的统一接入、统一存储和统一管理，实现变电站运行监视、操作与控制、综合信息分析与智能告警、运行管理和辅助应用等功能，并为调度、生产等主站系统提供统一的变电站操作和访问服务。

智能监控系统设备采用纵向分层、横向分区的体系结构，纵向分为站控层、间隔层及过程层，横向分为控制区（安全区Ⅰ）和非控制区（安全区Ⅱ），110kV 及以下变电站可只设置控制区。智能变电站通信网络和系统建构如图 6-5 所示。

系统由站控层设备、间隔层设备、过程层设备、网络通信设备及信息安全防护设备组成。站控层网络采用星形双以太网络结构，面向监测控制功能的过程层信息宜采用组网方式实时监控业务应部署在安全区Ⅰ，不具备控制功能的业务可部署在安全区Ⅱ。站控层设备包括监控主机、数据通信网关机、综合应用服务器、操作员站、工程师工作站及数据服务器等，其中操作员站、工程师工作站及数据服务器的功能宜由监控主机实现。监控主机负责站内各类数据的采集、存储、处理，实现站内设备的运行监视、操作与控制、信息综合分析及智能告警，集成防误闭锁和保护信息应用功能；数据通信网关机直接采集站内数据，向主站传送实时信息，同时接收主站的操作与控制命令，具备远方查询和浏览功能，支持远方顺序控制功能；综合应用服务器接收站内一次设备在线监测数据、站内辅助应用数据、设备基础信息等，进行集中处理、存储、分析和展示；操作员站实现对全站一二次设备的实时监视和操作控制，为站内运行监控的主要人机界面，具有事件记录及报警状态显示和查询、设备状态和参数查询、操作控制等功能；工程师工作站安装变电站监控系统配置工具与运维工具，实现变电站监控系统的配置、维护和管理；数据服务器实现变电站全景数据的集中存储，为站控层系统应用提供数据访问服务。

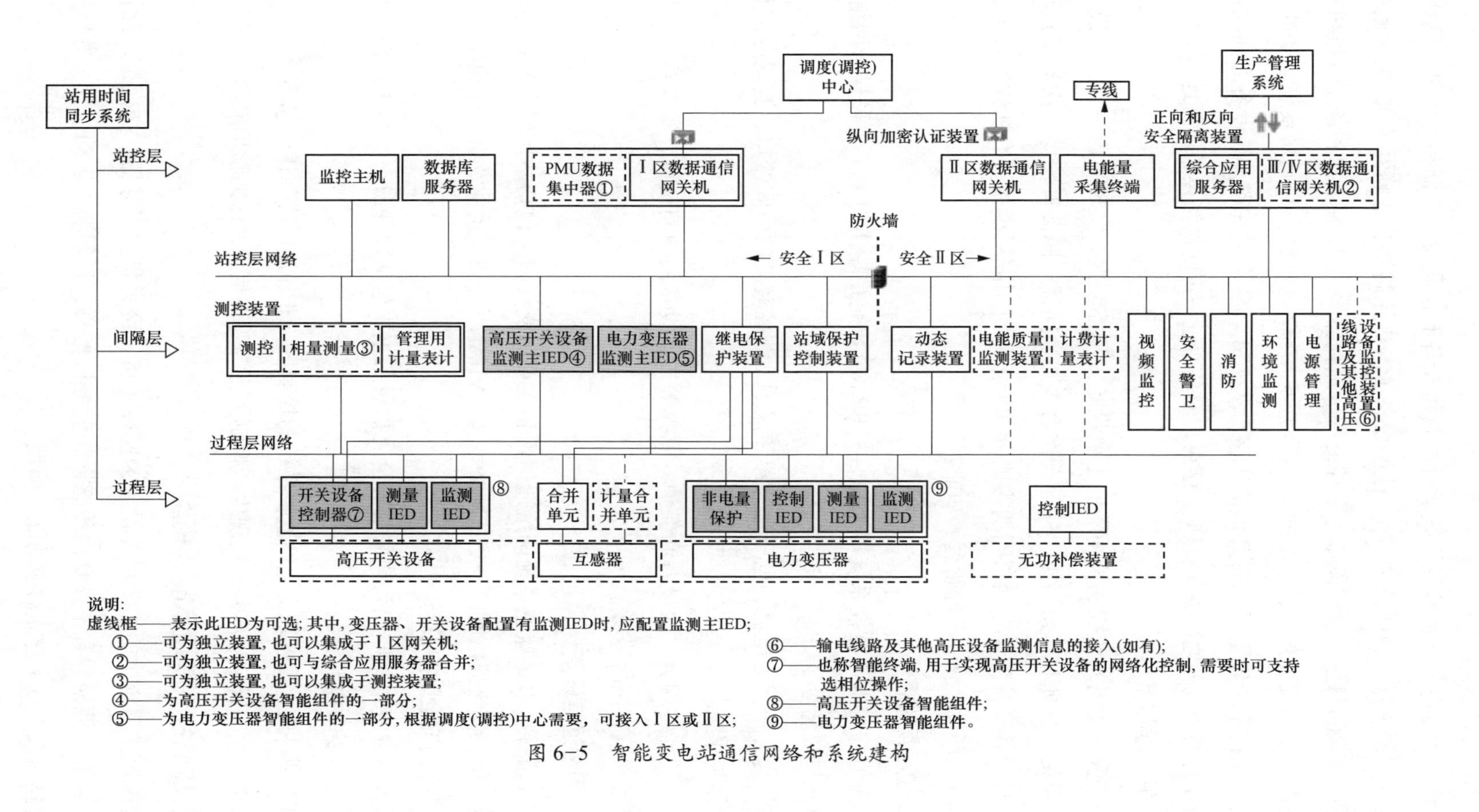

说明:

虚线框——表示此IED为可选; 其中, 变压器、开关设备配置有监测IED时, 应配置监测主IED;

①——可为独立装置, 也可以集成于Ⅰ区网关机;

②——可为独立装置, 也可与综合应用服务器合并;

③——可为独立装置, 也可以集成于测控装置;

④——为高压开关设备智能组件的一部分;

⑤——为电力变压器智能组件的一部分, 根据调度(调控)中心需要, 可接入Ⅰ区或Ⅱ区;

⑥——输电线路及其他高压设备监测信息的接入(如有);

⑦——也称智能终端, 用于实现高压开关设备的网络化控制, 需要时可支持选相位操作;

⑧——高压开关设备智能组件;

⑨——电力变压器智能组件。

图 6-5　智能变电站通信网络和系统建构

可将支撑变电站智能监控系统运行的具体设备形式分为服务器和网关机、网络设备、测控设备（传感器、智能仪表等）、控制设备（PLC 控制器、变频器等）、视频监控设备（摄像机、监视器等）、遥控设备（遥控终端、遥控器等）、UPS 电源和备用发电机组、环境监测设备（温湿度传感器、烟感探头等）等，当然这种分类只是对系统设备的一种分类方式，监控系统设备可以有其他的更多分类方式。各个系统和系统设备之间或是各个定义的设备层的设备之间并不是孤立存在，而是通过一定的网络设备进行连接。

1. 间隔层设备

无人值守变电站监控系统间隔层主要设备为测控装置，实现站内一、二次设备信息的实时采集、处理与传输，接收外部操作命令对断路器、隔离开关等一次设备进行实时操作控制，并具备防误闭锁、同期检测等功能。同时间隔层设备还有视频监控、安全警卫、消防、环境检测、电源管理等功能。

2. 过程层设备

无人值守变电站监控系统可采用合并单元与智能终端实现数字化采样与网络跳闸，合并单元与智能终端功能要求如下。

（1）合并单元为电流、电压互感器和保护、测控装置的中间接口，实现电流和电压信号的同步采集。

（2）智能终端为一次设备和保护、测控等二次设备的中间接口，实现对一、二次设备的状态测量、控制等功能。

3. 网络通信设备

无人值守变电站监控系统网络通信设备主要为交换机，包括站控层交换机与过程层交换机，提供网络通信服务，支持网络管理、VLAN、QoS、镜像及组播等功能。

4. 网络安全防护设备

无人值守变电站监控系统网络安全防护设备主要包括硬件防火墙与正反向安全隔离装置，功能要求如下。

（1）硬件防火墙实现变电站监控系统的控制区与非控制区之间逻辑隔离。

（2）正反向安全隔离装置实现生产控制大区与管理信息大区的物理隔离。

二、智能监控系统设备能耗模型

智能监控系统中的主要耗能设备为监控主机，网关机，服务器，交换机，测控装置等几个大类，测控装置主要是由传感器，监控摄像头，控制器（远动装置）等组成。以此为依据对以上设备建立对应的能耗模型。

1. 传感器能耗模型

传感器总能耗为

$$E_{\text{total}} = N(E_{\text{c}} + E_{\text{s}}) \tag{6-24}$$

式中　N——传感器每年运行周期；

E_{c}——传感器静态功耗，kWh；

E_{s}——传感器动态功耗，kWh。

传感器的静态功耗指的是在传感器处于静止状态时消耗的功率，通常是由于电源电路中的电阻、电容等元件引起的能量损耗；而传感器的动态功耗则指的是在传感器工作时，由于数据采集、信号放大、传输等操作所产生的功耗。动态功耗通常是随着传感器工作频率的提高而增加的。

实际情况中，不同类型的传感器可能有不同的能耗模型。此种模型只是对能耗的一种估计，实际能耗可能受到传感器的精度、使用环境、数据采集方式等因素的影响。

2. 服务器设备的能耗模型

服务器设备的能耗模型主要有加性模型和基于系统利用率的模型两种。

（1）加性模型。指的是将整个服务器的能耗形式化成服务器子结构的能耗之和，以下是一种简单的服务器加性模型，该模型考虑了 CPU 和内存的能耗，其模型为

$$E_{(\text{A})} = E_{\text{CPU(A)}} + E_{\text{memory(A)}} \tag{6-25}$$

式中　$E_{(\text{A})}$——采用加性模型下服务器的总能耗，kWh；

$E_{\text{CPU(A)}}$——运行算法 CPU 消耗的能量，kWh；

$E_{\text{memory(A)}}$——运行算法时内存消耗的能量，kWh。

（2）基于系统利用率的模型。人们观察到服务器系统能耗由静态能耗与动态能耗两部分组成，而系统的动态能耗与各个子系统的资源利用率相关，因此将子系统资源利用率作为变量纳入服务器能耗模型之内。在假设服务器处于关闭状态下功率近似为 0 的条件下，可以将任何一台服务器在任意 CPU 利用率 u 情况下的全系统功率形式化为表达式，即

$$P_u = (P_{\text{max}} - P_{\text{idle}})u + P_{\text{idle}} \tag{6-26}$$

式中　P_{max}——服务器在全速率工作时的平均功率，kW；

P_{idle}——服务器在空闲状态工作时的平均功率，kW；

u——服务器 CPU 利用率。

3. 视频监视器能耗模型

下面是一个简单的视频监视器能耗数学模型（不考虑视频监视器本身的数据收集和

警告功能），即

$$E_s = P_s T_s \tag{6-27}$$

式中 E_s——视频监视器能耗，kWh；

P_s——视频监视器的额定功率，kW；

T_s——视频监视器的使用时间，h。

以下是考虑智能警告功能的视频监视器能耗数学模型，即

$$E_{sj} = E_c + E_i \tag{6-28}$$

$$E_c = P_c T_c \tag{6-29}$$

式中 E_{sj}——考虑智能警告功能的视频监视器能耗，kWh；

E_c——视频监视器在正常监控状态下的能耗，kWh；

E_i——视频监视器在智能警告状态下的能耗，kWh；

P_c——视频监视器在正常监控状态下的额定功率，kW；

T_c——视频监视器每年在正常监控状态下的使用时间，h。

$$E_i = P_i T_i \tag{6-30}$$

式中 P_i——视频监视器在智能警告状态下的额定功率，kW；

T_i——视频监视器每年在智能警告状态下的使用时间，h。

智能警告功能会根据视频监视器的分析算法和逻辑规则，对异常情况进行智能分析和判断，并产生相应的警告信息。在智能警告状态下，视频监视器的功率通常会高于常规状态下的功率。智能警告使用时间 T_i 的长度取决于监控系统的智能警告策略和异常情况的持续时间。

4. 交换机能耗模型

$$E_j = P_j T_j U_j \tag{6-31}$$

式中 E_j——交换机能耗，kWh；

P_j——交换机的额定功率，即它的最大功率消耗，kW；

T_j——交换机每年的工作时间，h；

U_j——交换机的利用率，可以将其视为交换机的平均负载，即在某个时间段内交换机实际使用的功率占额定功率的比例，取值范围为0～1。

5. 网关机、监控主机和远控设备能耗模型

网关机、监控主机和远控设备能耗模型均可按照式（6-46）计算，即

$$E = P_{idle} T_{idle} + P_{dynamic} T_{dynamic} \tag{6-32}$$

式中　E——设备的总能耗，kWh；

P_{idle}——设备的静态功率，kW；

T_{idle}——设备每年处于闲置状态的时间，h；

$P_{dynamic}$——设备的动态功率，kW；

$T_{dynamic}$——设备每年处于运行状态的时间，h。

三、智能变电站与常规变电站智能监控系统的设备使用差异性比较

1. 一次设备的差异性

智能变电站与常规变电站在一次设备上的差异性主要体现在其状态检测功能的智能化上，智能变电站能够自动采集设备状态信息并对设备状态进行综合分析，同时还将分析所得结果基于 DL/T 860 服务上传以实现和其他系统进行信息交互，从而扩大设备自诊断的范围及准确性，极大地方便了对一次设备的运行维护。比如智能变电站断路器设备内的电、磁、湿度、温度、机构动作状态等信号的检测对判断断路器运行状态及变化趋势有极大的帮助，从而实现对变电站设备的状态监测。而常规变电站并不具备以上功能，需要对其关键的一次设备（断路器、变压器等）增设相应状态监测功能单元。

2. 智能高级应用的差异性

和常规变电站相比，智能变电站的高级应用功能主要如下。

（1）具备基于逻辑推理、告警分类及信号过滤的全站智能告警功能，能够针对事故及异常提出合理的处理方案。

（2）能通过对电压 / 无功的连续调控实现变压器经济运行并优化电能质量。

（3）在设备信息、运行维护方案等方面和调度中心及集控中心实现互动，从而实现设备状态的全寿命周期管理。

（4）具备自适应保护功能，在电网事故时和相邻变电站或调度中心进行协调配合，实现动态改变继电保护和稳定控制策略及参数。

3. 辅助系统智能化的差异性

在常规变电站中通过应用视频监控系统、环境监测系统、辅助电源等构成的辅助系统，使得信息资源更加丰富，保证了常规变电站的稳定运行，然而在常规变电站的实际运行过程中仍然存在着纵向层次多、横向系统多为主要特征的“信息孤岛”，导致出现了视频监控规约复杂、信息杂乱和系统联调困难等问题，给常规变电站运行埋下了隐患。

智能变电站辅助系统通过在远程视频监控终端和站内监控系统以及其他辅助系统之间，在设备操控、事故处理等方面建立协同联动机制，并及时准确地跟踪事故发生地点，

将其远程传输到集控中心，使集控中心运维人员在远端实现对各辅助系统的操控，从而实现智能变电站的辅助电源一体化设计、一体化配置、一体化监控、远程运行维护；实现辅助系统优化控制，对空调、风机、加热器的远程控制或与温湿度控制器的智能联动。

第五节 可再生能源系统

变电站可以采用的可再生能源系统包括太阳能生活热水系统、土壤源热泵系统、光伏系统、小型风力发电系统、储能系统等。对各系统建立能耗模型即可得到可再生能源系统为变电站提供的能量或是减碳量。

一、太阳能生活热水系统

太阳能热水系统提供能量可按式（6-47）计算，即

$$Q_{s,a}=\frac{A_c J_T(1-\eta_L)\eta_{cd}}{3.6} \tag{6-33}$$

式中 $Q_{s,a}$——太阳能热水系统的年供能量，kWh；

A_c——太阳集热器面积，m^2；

J_T——太阳集热器采光面上的年平均太阳辐照量，MJ/m^2；

η_{cd}——基于总面积的集热器平均集热效率，%；

η_L——管路和储热装置的热损失率，%。

太阳能热水系统提供的能量不应计入生活热水的耗能量。

二、光伏系统

光伏系统的年发电量可按式（6-48）计算，即

$$E_{pv}=IK_E(1-K_S)A_p \tag{6-34}$$

式中 E_{pv}——光伏系统的年发电量，kWh；

I——光伏电池表面的年太阳辐射照度，kWh/m^2；

K_E——光伏电池的转换效率，%；

K_S——光伏电池的损失效率，%；

A_p——光伏系统光伏面板净面积，m^2。

三、风力发电机组

风力发电机组年发电量可按式（6-49）～式（6-53）计算，即

$$E_{wt}=0.5\rho C_R(z)v_0^3 A_W \rho \frac{K_{wt}}{1000} \tag{6-35}$$

式中　E_{wt}——风力发电机组的年发电量，kWh；

ρ——空气密度，取1.225kg/m^3；

$C_R(z)$——依据高度计算的粗糙系数；

v_0——年可利用平均风速，m/s；

A_w——风机叶片迎风面积，m^2；

K_{wt}——风力发电机组的转换效率。

$$C_R(z) = K_R \text{In}(z / z_0) \quad (6\text{-}36)$$

式中　K_R——场地因子；

z_0——地表粗糙系数。

$$A_w = 5D^2 / 4 \quad (6\text{-}37)$$

式中　D——风机叶片直径，m。

$$\text{EPF} = \frac{\text{APD}}{0.5\rho v_0^3} \quad (6\text{-}38)$$

式中　EPF——根据典型气象年数据中逐时风速计算出的因子；

APD——年平均能量密度，W/m^2。

$$\text{APD} = \frac{\sum_{i=1}^{8760} 0.50\rho v_i^3}{8760} \quad (6\text{-}39)$$

式中　v_i——逐时风速，m/s。

计算出来的风能和光能等可再生能源的发电量即为可再生能源系统向变电站提供的能源量，通过电能的碳排放因子即可计算出可再生能源系统在变电站运行中减少的电能消耗碳排放量。与之相同的是太阳能热水系统提供的能量即为可再生能源系统减少的生活热水系统能源消耗量，根据碳排放计算方法，考虑相应的碳排放因子量之后即为太阳能生活热水系统的减少碳排放量。

四、土壤源热泵系统年提供能源量

土壤源热泵系统的年提供能源量的相关定义和计算公式为

$$E_{GS} = \frac{A_{GS}}{L_{GS} L_{GS}} q_{GS} h_{GS} t_{GS} \min\left(\frac{\text{EER}_{GS}}{\text{EER}_{GS}+1}, \frac{\text{COP}_{GS}}{\text{COP}_{GS}+1}\right) \quad (6\text{-}40)$$

式中　E_{GS}——土壤源热泵系统年提供能源量，kWh；

A_{GS}——可埋管土地面积，即规划建筑用地区域内适合安装地埋管换热器的土地面积，m^2；

L_{GS}——竖直埋管钻孔间距，m，一般要求为4～6m；

q_{GS}——单位井深换热量概算，W/m；

h_{GS}——埋管深度，m；

t_{GS}——全年当量运行小时数，h；

EER_{GS}——土壤源热泵系统的制冷能效比；

COP_{GS}——土壤源热泵系统的制热能效比。

第七章　变配电设备与碳排放

本章首先介绍典型变电设备，将变电站主要设备进行分类，介绍其主要功能及运行使用特点，并分析其碳排放及影响因素。然后介绍不同电气设备的运行耗能，给出各类设备在低负载、高负载等典型负载率下的能效和能耗范围，帮助识别重点设备。

第一节　典型变电设备碳排放及其影响因素

一、变电站主要电气设备

变电站的主要电气设备有变压器、断路器、隔离开关及互感器等。

1. 变压器

变压器是电力系统的枢纽设备，其主要作用是进行电能转移和分配，电压变换，变压器的运行检修和维护水平直接影响到电力系统运行的安全性和可靠性。一旦变压器发生故障，将对电力系统运行造成巨大影响，并且有可能引发大范围的停电事故，对国民经济生产造成巨大的影响。

2. 断路器

断路器既可以接通和断开电路，也可以在必要的时候切断有故障的电流，断路器可以在变电站中起到控制和保护电路的作用。按照目前的发展来看，断路器可以分为油断路器、六氟化硫（SF_6）断路器、真空断路器等类型。

3. 隔离开关

隔离开关的实际意义就是将需要检修的电气设备与电源进行永久隔离，使变电站可以安全运行，隔离开关不仅可以切断正在运行的电路还可以切断一些微小电流的电路。隔离开关在变电站中的应用主要有水平开启式隔离开关与垂直伸缩式隔离开关，具体在变电站中选用哪种隔离开关应该根据配电装置隔离开关两头导线所处的位置确定。

4. 互感器

互感器是一种特殊的变压器，在变电站中主要用于对配电装置的保护。因此在对互感器选择的过程中，首先要对电流互感器变比进行选择。电流互感器一次额定电流不宜过大，正常负荷的额定电流应该控制在 60% 以内，但是不能小于 30%。保护级电流互感器只在负荷或者是短路时起作用，为了不让短路时铁心磁饱和，相关人员应该选用较大的变比。电流互感器除了要符合一次回路的额定电压、电流以及最大负荷电流的动热稳定性要求之外，还应符合二次回路中测量仪表、保护装置（10% 的误差曲线）以及自动装置的准确度等要求。电流互感器根据绝缘介质的不同分为很多类，目前油浸式是各种电压等级中最常用的类型。电压互感器的选择除了要符合与电流互感器一样的要求外，还要满足其一次侧的额定电压应不小于安装点电网的额定电压。此外，电压互感器的具体类型和二次接线方式应根据具体用途和二次负荷的性质来具体判断。

二、电气设备运行耗能

运行碳排放是指变电站正常运行时，站内设备维持工作及变压器等输变电损耗用电而引发的碳排放。据估计，我国变压器的总损耗占发电量的 10% 左右，损耗每降低 1%，每年可节约上百亿千瓦时电能。其他的互感器、电抗器、消弧线圈、线路等电气设备运行时也消耗一定的电能。

对一次电气设备进行操作、控制、保护、测量、计量的二次设备也消耗电能。如所有二次回路导线及线圈阻抗消耗的电能，继电器、保护装置、直流充电回路、通信回路、操作系统电机、配电室及主变通风回路、机构箱和端子箱的驱潮加热回路等二次元件上消耗的电能。对于一次设备而言，其消耗的电能相对较低，但日积月累的电能消耗不可小视。

1. 变电站站用负荷耗能

该耗能为变电站内设备正常运行供电导致的能耗，一般为交流负荷、直流负荷、UPS 负荷。变电站站用负荷耗能属于在建设变电站时就可预见、可控的耗能。

2. 电气设备自耗能

该耗能为变电站中带有线圈的电气设备及有阻抗的元件在正常工作中产生的电能损耗，属于非设计性的不可控损耗。电力系统中输变电线路、变压器等造成的各级网损约占 3%。

3. 六氟化硫（SF_6）产生的碳排放

SF_6 具有十分优异的绝缘性能，在电力行业中被广泛用作高压绝缘和灭弧介质，近年来在中压开关柜、环网柜中也得到越来越广泛的应用。常规 110kV 户内变电站典型设计方案全套 GIS 中 SF_6 气体约有 2.25t，每年泄漏值约为 0.5%，即 0.01125t。SF_6 全球变暖潜能值（GWP）为 CO_2 的 23900 倍，全生命周期内当其完全泄漏后等效为碳排放总值 53775t，年泄漏量等效为碳排放 268.875t。

4. 运维过程产生的碳排放

运维人员需要定期前往变电站进行维护工作。工程车辆在行驶过程中会消耗化石燃料，从而产生二氧化碳（CO_2）、甲烷（CH_4）和一氧化二氮（N_2O）等温室气体。虽然单台变电站单次运维产生的碳排放有限，但以年和全市为尺度时产生的总碳排放也是相当可观的。

根据《IPCC2006年国家温室气体清单指南》中第二卷第三章“移动源燃烧”部分的计算方法和排放因子，对运维过程中车辆产生的温室气体排放量进行计算。一个人口规模300万左右的城市中，传统变电站运维频率为每月4次，变电站距运维中心的距离平均为30km。当对一座变电站运维一次时，每辆车冷启动2次，产生N_2O为184mg，产生CH_4为68mg；车辆行驶60km，消耗汽油约6L，净发热值为194.568MJ，产生的CO_2、N_2O、CH_4的排放量分别为14.417kg、0.759kg、0.759kg。N_2O和CH_4的GWP分别为310和21，因此运维一次时，产生的碳排放当量CO_2为65.7kg。每年运维48次，由此每座变电站每年运维过程中每车辆产生的碳排放为3.15t。

第二节　变电设备低碳选型

变电站碳足迹的计算适宜采用生命周期法，计算流程为：明确生命周期的组成以及各阶段的碳排放源→确定碳足迹因子→收集工程数据并计算→计算结果的处理与分析。

变电站运行期间，调度运行、巡视、修理等工作均会产生能源的消耗。站内如有SF_6设备，该类型设备在修理与退役过程中会直接排放温室气体。站内设置草坪或树木，可起到碳吸收的作用。

一、节能低碳型电气设备介绍

针对主变压器、GIS在使用过程中造成的直接碳排放，考虑采用天然酯变压器和洁净空气GIS进行替代。

1. 使用天然酯变压器

天然酯来源于植物油，油中所含的碳元素是植物从大气中吸收的CO_2。天然酯油相比传统矿物油其使用寿命更长，且在其寿命结束后可完全降解，因此天然酯油在其生命周期内基本做到了碳中和。以容量为50MVA的110kV双绕组主变压器为例，每台主变压器需矿物油22t左右，2台主变压器油碳排放总量约为54t。采用天然酯变压器替代后，可实现全生命周期内变压器油碳排放降为0，减少碳排放量54t。

2. 使用洁净空气绝缘型GIS

GIS（气体绝缘金属封闭开关设备）由断路器、隔离开关、接地开关、互感器、避雷器、母线、连接件及出线终端等组成，这些设备或部件全部封闭在金属接地的外壳中，在其内部充有一定压力的 SF_6 绝缘气体，是变电站中的重要设备。

为解决 SF_6 碳排放问题，可在电力设备中使用其他绝缘介质替代，如洁净空气由 79.5% 氮气（N_2）和 20.5% 氧气（O_2）构成。选用洁净空气绝缘型 GIS 具有环境友好、适用性广、经济实用的优势。

以一个常规 110kV 户内变电站典型设计方案全套 SF_6 GIS 为例，SF_6 气体约为 62.25t，总计碳排放存量为 53775t。每年泄漏允许值为 0.5%，泄漏量为 0.00225t，折算成碳排放为 268.875t，考虑 25 年全生命周期，需补充的漏部分等效碳排放为 6721.9t。采用洁净空气 GIS 替代后，GIS 气体可实现零碳运行。

二、电气设备节能低碳策略

针对不同类型（比如可以是工商业、居民区、乡村地区不同类型的变电站，也可以是其他的）、不同场景下（对损耗率有重要影响的场景，比如负载率逐月、逐日变化情况类似的变电站等，也可以是其他的），提出变电站变电设备节能低碳设计和运行的策略。

开展绿色低碳变电站设计，主要从合理设计建筑朝向、绿色低碳全装配式建筑体系研究应用方面降低建筑碳排放，利用可再生能源辅助供能实现碳中和。

1. 合理设计建筑朝向

变电站总平面布置上，除考虑方便设备运输、满足进出线条件等情况，可根据不同气候分区合理设计建筑朝向，以提升节能效果。严寒和寒冷地区建筑能耗主要是由冬季供暖产生，南向可以得到最多的太阳辐射，东西向次之，北向最少。因此，适当减少南向的角度范围、增大北向的角度范围以适当提高建筑的保温性能。在设计时北向为北偏东 60° 到北偏西 60° 范围，北方角度范围 120°。夏热冬暖、夏热冬冷和温和地区供暖能耗逐渐减小，制冷能耗逐渐增大，东西向是夏季最不利朝向，可扩大其角度范围以提升建筑的隔热性能。在设计时北向为北偏东 30° 到北偏西 30° 范围，北向角度范围 60°。

2. 绿色全装配式建筑体系

优先采用工厂加工、现场组装，形成全装配变电站建筑结构体系，即从基础到屋面、从主体结构到关键辅助部品全预制的新型全装配变电站建筑体系。将变电站建筑模块单元化，每个单元模块均集成建筑结构、装饰装修、管道机电等于一体，采用全专业协同设计、工厂化一体化预制、模块单元现场积木式拼装方式，升级变电站建造模式。

装饰装修采用装配式，设计上注意控制窗墙面积比，合理设计体型系数等，使屋面、外窗、隔墙等主要围护结构热工得以较大提升，提高采暖供热、通风系统效率和保温隔热性能，兼顾自然采光、通风及建筑保温，让照明、通风及采暖的综合能效达到最佳。

全装配式建筑升级变电站建造模式，实现“零涂刷、无明火、少湿作业、无扬尘”的绿色建造相关要求，显著提升变电站装配化程度和建造效率。同时，可实现并行施工，将工序流程由串联式变为并联式，缩短建造时间，节约工期；通过合理设计模块单元，实现标准化，可有效降低用钢量，节约建材；在施工安装时减少建筑垃圾，降低施工污染等，从而实现绿色低碳建造，提高装配率及绿色低碳水平。先实现建筑全装配式，再逐步装配变电站电气设备，最终实现建筑电气设备一体化装配，更好地降低变电站建设过程中的碳排放。

建筑物基础采用预制装配 UHPC-NC，提高变电站建筑物基础预制装配水平、受力性能和耐久性能。采用新型预制装配 UHPC 电缆沟，充分利用 UHPC 超高力学性能和超高耐久性的材料优势，较传统预制装配混凝土电缆沟可有效减轻重量，且节段标高可调，解决电缆沟排水问题。户外配电装置考虑设计场地绿化布置，就地取材选用环保植物，建筑采用立体绿化设计，最大限度上实现绿色碳汇。

3. 可再生能源辅助供能

针对不同气候、环境、地理条件，采用光伏、地热、余热等可再生能源辅助供能，进一步降低变电站自身运行的碳排放。

（1）光伏发电。变电站综合楼及配电装置室设置屋顶一体化光伏板、围护结构一体化的太阳能墙板，利用光伏发电提供站用电。为解决太阳能的波动性和间歇性，站内蓄电池组设计可与光伏发电储能协同，兼顾直流系统电源及储能装置，光伏发出的直流电可直接接入站内直流系统为其供电，也可逆变为交流后为站内照明、通风、检修等交流负荷供电，降低站用变压器运行的碳排放。

（2）暖通照明系统。通过优化建筑空间和平面布局，改善自然通风效果，配电装置室通风系统设置温度自动控制装置，控制风机启停，尽量减少风机启动时间，降低通风能耗。采用地源热泵空调，充分利用蕴藏于土壤及地下水中的巨大能量，循环再生，实现对建筑物的供暖和制冷，较常规空调节能 40%，可有效降低能耗，减少环境污染及城市热岛效应。对于只需供暖的寒冷地区采用变压器余热再利用技术，即采集主变压器运行发热，循环使用。一方面可为主变压器降温、提高主变压器运行效率；另一方面可为建筑物供暖，降低采暖能耗。照明考虑分区、定时、感应等节能控制方法，采用 LED 等节能环保灯具。设计导光管采光系统，引入阳光，光导照明，进一步降低照明能耗。

4. 选用节能设备

主要电气设备选用全寿命周期内维护量小、耗能低、占地少且环境友好的电气设备。优化选用 GIS、HGIS、开关柜等组合电器设备。变压器采用低损耗变压器。变压器能效指标不低于《电力变压器能效限定值及能效等级》(GB 20052—2020)中2级能效的要求。有条件的地区可尝试采用耐火性强、无毒、可完全降解的植物绝缘油变压器。冷却方式优先选用自然油循环自冷或风冷。气体绝缘金属封闭开关设备(GIS、HGIS、充气柜)选用环保气体绝缘代替 SF_6 气体绝缘。二次设备选择低功耗服务器等节能型产品。二次组屏方案考虑设备的功耗与散热。基于建筑物内开关柜、二次设备室、智能控制柜等的布置位置、温湿度控制需求，采用面向设备的节能型温控及防凝露设计技术，以实现节能降耗。

5. 配电网交直流混合供电

根据《建筑节能与可再生能源利用通用规范》(GB 55015—2021)的规定，新建建筑应安装太阳能系统，随着强制性规范的发布应用，用户侧分布式光伏发展迅猛，光伏发电系统以微网的形式接入到中、低压配电网并网运行，与大电网互为支撑，考虑光伏发电的波动性，须按比例配置蓄电池等储能装置。光伏板发出的是直流电，如周边仅有交流配电网，则光伏发出的直流电需通过逆变器并网，需在用户侧设置较多的转换环节，降低整体用能效率。鉴于直流配电网较交流配电网具有线路损耗低、线路电压损失低、供电容量大等优点，变电站周边直流负荷，如充电桩、光伏、储能等可考虑直流组网后直接接入变电站，在变电站低压侧设计交直流混合配电装置，针对变电站邻域资源禀赋，设计基于其供电特性匹配的交直流供电分区方法，进而设计出满足功能需求的交直流混合供电方案，提升用能效率。

6. 开发综合能源利用系统

电网中各电压等级变电站已形成合理布点，可选择站点形成可集中供电、供热、供气的综合能源中心，为周边用户提供服务。依托储电、储热、储气等多能耦合新型储能技术，根据多维储能场景匹配模式与多能互补特性，优化变电站综合能源利用系统功能组合，以最小化碳排放成本及其他综合运行成本为目标，生成变电站综合能源利用系统优化运行策略，统筹优化新型变电站多元融合发展形态。

第八章　变电站“光储直柔”系统与电网交互和分层控制策略

本章首先对变电站“光储直柔”系统进行介绍，提出了变电站“光储直柔”系统的单极双层拓扑结构，并对其直流负荷、保护设备等组成进行介绍；然后对变电站“光储直柔”系统中的AC/DC换流器进行研究，分析系统在不同运行模式下AC/DC换流器的工作需求，制定不同模式下的控制策略，以满足系统在并/离网转换的平滑切换；最后针对变电站“光储直柔”系统内发电单元、储能和柔性负荷的合理调度和平衡利用问题，为实现系统在不同时间尺度、不同运行模式下的最优运行，提出了一种分层的变电站“光储直柔”系统控制框架和相应的柔性自适应调控策略。

第一节　变电站站用“光储直柔”系统简介

近几年，针对“光储直柔”（PEDF）系统的架构、调节策略、可实现的功率调节范围和与电网相互协调的方式以及相关的应用研究已陆续开展。面向变电站的柔性直流技术也在近两年得到发展。2019年，国网冀北电力有限公司经济技术研究院等机构首次系统地提出了基于柔性变电站的交直流配电网的成套设计体系框架和方法流程。据报道，面向变电站的PEDF系统已在2021年实现应用，但目前相关的文献资料较少。而变电站作为电网的电能枢纽，承担着区域电力配电、电压等级变换等重要作用。由于可再生能源具有随机性、间歇性与波动性较强的特点，可能会对PEDF系统造成冲击。因此如何实现变电站PEDF系统的能源柔性协调优化运行就成为需要解决的重要问题。

针对变电站PEDF系统拓扑中的电气互连采用图的方法建模为无向连接图$mG=(V,\varepsilon)$，其中多个分布式发电单元通过电力线相互连接。mG的节点集V被划分为两个集合，G是分布式发电单元的集合，L是负载的集合；边缘ε代表mG间的连接线；每个分布式发电单元和负载通过公共耦合点（PCC）与PEDF网络连接。包含分布式电源和负载的PEDF系统如图8-1所示。

变电站PEDF系统采用单极双层结构，其拓扑如图8-2所示。构建750V直流主网架和220V次级直流网架，匹配负荷需求选择直流750V主电压。系统拓扑主要由两个AC 380V交流电源点加装低压交直流柔性接口设备（200kW）构建两段DC 750V直流母线，两段直流母线通过联络断路器连接，每段直流母线上挂接分布式光伏、储能、直流

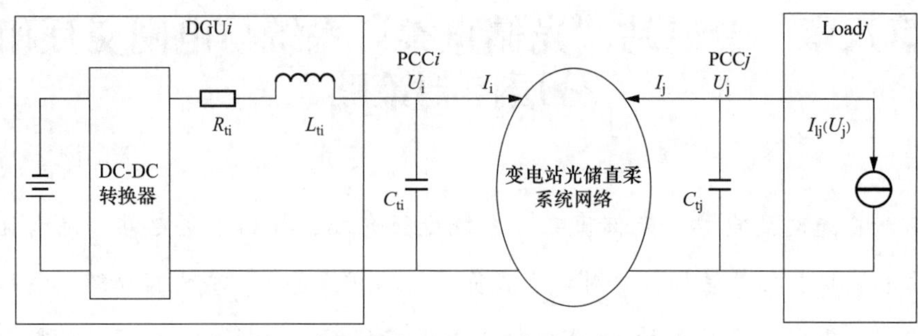

图 8-1　包含分布式电源和负载的 PEDF 系统

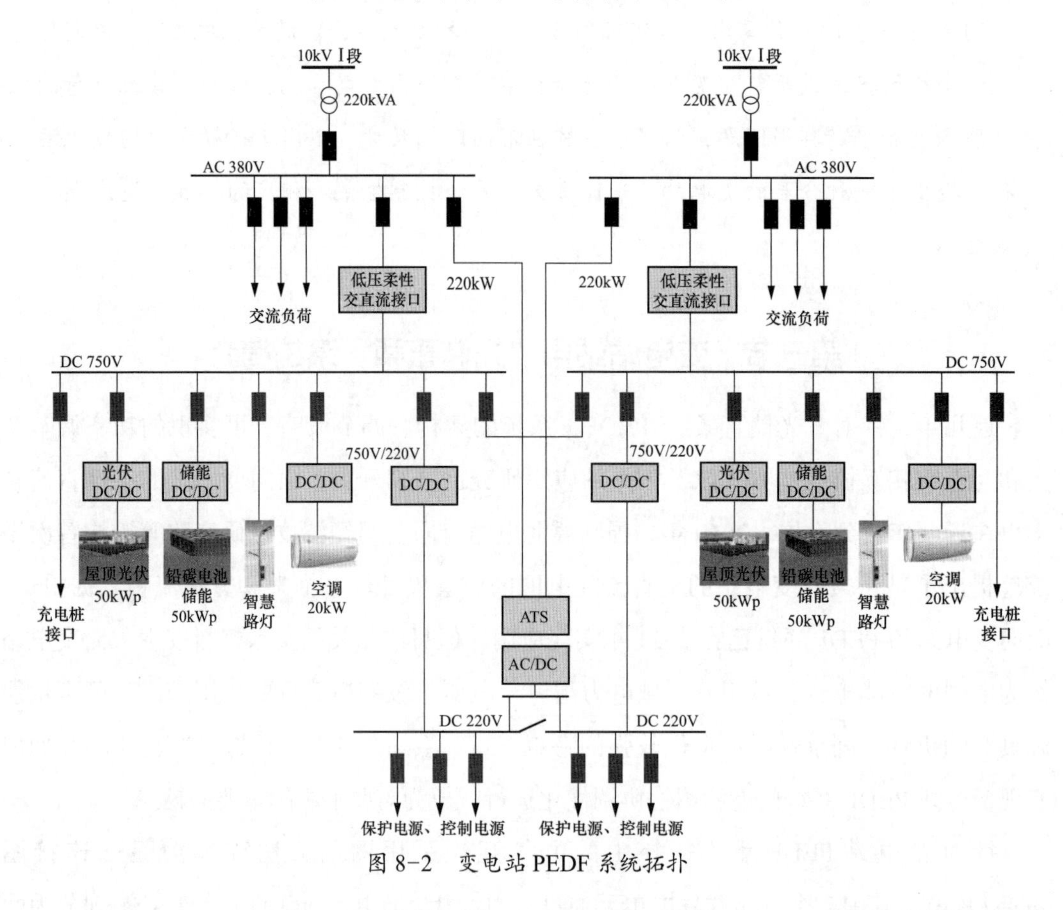

图 8-2　变电站 PEDF 系统拓扑

充电桩、直流空调，直流负荷分布在两段直流母线上，保障了直流负荷的供电可靠性。直流侧光伏接入容量为每段母线 100kW，每段直流母线接入直流智慧照明、直流空调，对站内的控制、保护电源采用两路 DC 220V 供电电源，采用双电源切换的方式保障站内控保直流设备的供电可靠性，同时预留直流充电桩接口。

对于储能电池的选型，在综合考虑系统工作电压、工作电流、系统安全性、可靠性、快速响应和充放电能力、安装和维护要求以及运营和维护成本等因素，本站结合实际工程情况使用了铅碳电池，电池储能接入容量为每段母线 50kW/2h。

第二节　变电站“光储直柔”系统与电网互动接入技术

为实现对双向 AC/DC 变换器的准确控制，我们需要参照其等效拓扑结构来建立数学模型，以此作为分析的基础，为便于理解控制的实现以及控制系统的设计，利用电路基本定律分析三相 VSR 的拓扑结构，为便于分析，令电网电动势为三相平稳的正弦波电动势；网侧滤波电感 L 为理想电感；功率开关管的开关损耗以电阻进行表示；三相 VSR 直流侧负载由电阻和直流电动势串联表示。三相 AC/DC 变换器主电路拓扑结构如图 8-3 所示，其采用电压型变换器，直流侧采用电容进行滤波。

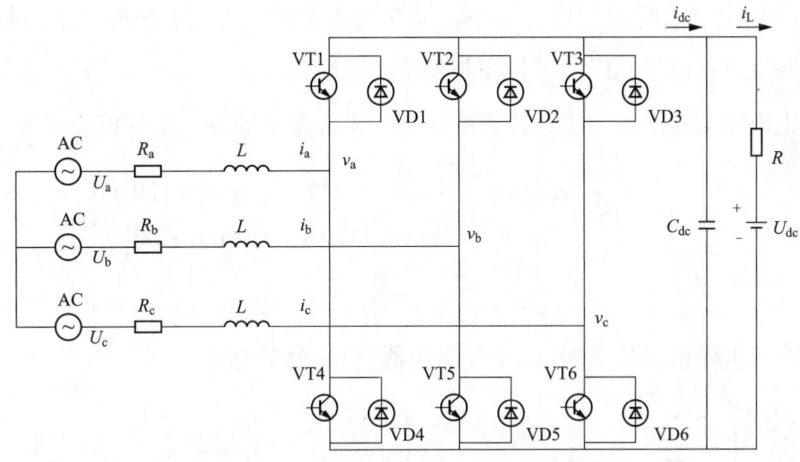

图 8-3　AC/DC 变换器主电路拓扑结构

结合实际电力系统如下假设：① 交流系统是对称三相系统；② 功率开关无过渡过程、无功率损耗、无死区效应。

双向 AC/DC 变换器通常采用开关函数或者占空比建立其数学模型。采用开关函数建立的数学模型可以对双向 AC/DC 变换器的开关过程进行精确描述，其模型中包括了开关过程的高频分量。因此本节介绍的是采用开关函数建立的数学模型。

定义开关函数为

$$S_i=\begin{cases}1,\text{上开关导通}\\0,\text{下开关导通}\end{cases},i=a,b,c \tag{8-1}$$

则变电站“光储直柔”（PEDF）系统并网三相 AC/DC 变换器在三相静止坐标系下的数学模型为

$$\begin{cases} L\dfrac{\mathrm{d}i_{\mathrm{a}}}{\mathrm{d}t}=U_{\mathrm{a}}-R_{\mathrm{S}}i_{\mathrm{a}}-U_{\mathrm{dc}}S_{\mathrm{a}}+\dfrac{1}{3}U_{\mathrm{dc}}\sum\limits_{k=a,b,c}S_k \\ L\dfrac{\mathrm{d}i_{\mathrm{b}}}{\mathrm{d}t}=U_{\mathrm{b}}-R_{\mathrm{S}}i_{\mathrm{b}}-U_{\mathrm{dc}}S_{\mathrm{b}}+\dfrac{1}{3}U_{\mathrm{dc}}\sum\limits_{k=a,b,c}S_k \\ L\dfrac{\mathrm{d}i_{\mathrm{c}}}{\mathrm{d}t}=U_{\mathrm{c}}-R_{\mathrm{S}}i_{\mathrm{c}}-U_{\mathrm{dc}}S_{\mathrm{c}}+\dfrac{1}{3}U_{\mathrm{dc}}\sum\limits_{k=a,b,c}S_k \\ C_{\mathrm{dc}}\dfrac{\mathrm{d}v_{\mathrm{dc}}}{\mathrm{d}t}=i_{\mathrm{a}}S_{\mathrm{a}}+i_{\mathrm{b}}S_{\mathrm{b}}+i_{\mathrm{c}}S_{\mathrm{c}}-\dfrac{U_{\mathrm{dc}}}{R_{\mathrm{L}}} \end{cases} \tag{8-2}$$

针对实际控制系统设计中采用静止坐标系下的数学模型带来的缺陷，引入同步旋转坐标系，将静止坐标系变换成与电网基波频率相同、同步旋转的旋转坐标系（d，q）坐标系，以此解决变量随时间变换的问题，即在同步旋转（d，q）坐标系下，每个控制量通过变换，变换成直流量，以便进行控制策略的研究与设计。

三相静止坐标系转换为同步旋转的两相直角坐标系下的变换矩阵可表示为

$$T_{\mathrm{abc/dq}}=\sqrt{\frac{2}{3}}\begin{bmatrix} \cos\omega t & \cos(\omega t-120°) & \cos(\omega t+120°) \\ -\sin\omega t & -\sin(\omega t-120°) & -\sin(\omega t+120°) \\ \dfrac{1}{\sqrt{2}} & \dfrac{1}{\sqrt{2}} & \dfrac{1}{\sqrt{2}} \end{bmatrix} \tag{8-3}$$

则同步旋转坐标系下的双向 AC/DC 变换器的 dq 模型为

$$\begin{bmatrix} L\dfrac{\mathrm{d}i_{\mathrm{a}}}{\mathrm{d}t} \\ L\dfrac{\mathrm{d}i_{\mathrm{b}}}{\mathrm{d}t} \\ C_{\mathrm{dc}}\dfrac{\mathrm{d}v_{\mathrm{dc}}}{\mathrm{d}t} \end{bmatrix}=\begin{bmatrix} -R & \omega L & 0 \\ -\omega L & -R & 0 \\ d_{\mathrm{d}} & d_{\mathrm{q}} & -\dfrac{1}{R_{\mathrm{L}}} \end{bmatrix}\begin{bmatrix} i_{\mathrm{d}} \\ i_{\mathrm{q}} \\ v_{\mathrm{dc}} \end{bmatrix}-\begin{bmatrix} 1 & 0 & 0 \\ 0 & 1 & 0 \\ 0 & 0 & -\dfrac{1}{R_{\mathrm{L}}} \end{bmatrix}\begin{bmatrix} v_{\mathrm{d}} \\ v_{\mathrm{q}} \\ v_{\mathrm{dc}} \end{bmatrix}+\begin{bmatrix} 1 & 0 & 0 \\ 0 & 1 & 0 \\ 0 & 0 & \dfrac{1}{R_{\mathrm{L}}} \end{bmatrix}\begin{bmatrix} e_{\mathrm{d}} \\ e_{\mathrm{q}} \\ e_{\mathrm{dc}} \end{bmatrix} \tag{8-4}$$

式中 v_{d}、v_{q}——分别为变换器输入侧三相电压在 d 轴和 q 轴的分量；

i_{d}、i_{q}——分别为交流侧电流在 d 轴和 q 轴的分量；

e_{d}、e_{q}——分别为交流侧电网电压在 d 轴和 q 轴的分量；

S_{d}、S_{q}——分别为开关函数在 d 轴和 q 轴的分量。

变电站 PEDF 系统在实际工作时，双向 AC/DC 变换器能够稳定直流母线与交流母线的电压和频率，还可以保证交流侧电流正弦、对称，同时控制变换器交流侧功率因数，实现交直流能量双向流通。因此本节利用基于标准特征多项式的特征值配置方法设计 AC/DC 变换器的控制策略，使控制系统具有良好的鲁棒性，保证变电站“光储直柔”系统并网过程的稳定运行。

设被控系统的闭环传递函数为

$$\phi(s)=\frac{a_0}{a_n s^n + a_{n-1}s^{n-1}+\cdots+a_1 s^1 + a_0} \tag{8-5}$$

其中，$\omega_0=\frac{a_0}{a_n}, A_i=\frac{a_n - i}{a_n \omega_0}, i=1,\cdots,n-1$。则系统的传递函数为

$$\phi(s)=\frac{\omega_0}{s^n + A_1\omega_0 s^{n-1}+\cdots+A_{n-1}\omega_0^{n-1}s^1+\omega_0^n} \tag{8-6}$$

其中，系数 A_i（i=0，1，…，n）为标准系数，$A_0=A_n=1$。选取牛顿二项式的展开系数作为标准系数的值。表 8-1 为系统阶次为 1～5 阶系统的标准特征多项式。

表 8-1　　1～5 阶系统的标准特征多项式

阶次 /n	标准特征多项式
1	$s+\omega$
2	$s^2+2\omega_0 s+\omega_0^2$
3	$s^3+3\omega_0 s^2+3\omega_0^2 s+\omega_0^3$
4	$s^4+4\omega_0 s^3+6\omega_0^2 s^2+4\omega_0^3 s+\omega_0^4$
5	$s^5+5\omega_0 s^4+10\omega_0^2 s^3+10\omega_0^3 s^2+5\omega_0^4 s+\omega_0^5$

标准特征多项式参数值的选择相对于其他控制方法的参数选择具有简便性。随着 ω_0 的增大，系统的调节时间减小，满足了系统快速响应性要求。

并网模式下，AC/DC 双向变换器根据直流侧负载情况决定功率流向。并网模式下变换器的下垂特性为

$$U_{dc}=kW+U_{dc}^* \tag{8-7}$$

式中　U_{dc}——接入负载后直流母线电压；

U_{dc}^*——直流母线电压额定值；

k——有功功率下垂系数。

根据式（8-7），并网时双向 AC/DC 变换器控制策略如图 8-4 所示。其中电压外环和电流内环的控制参数均采用标准特征多项式配置特征值。当直流子网供需平衡时，直流母线电压为额定值，此时双向 AC/DC 变换器不工作。

当直流侧负荷功率小于额定功率，直流母线电压上升，变换器处于逆变模式，将光伏系统的功率传递给交流电网。此时 $P>0$。当直流侧负荷功率大于额定功率，直流母线电压下降，变换器处于整流模式，将交流电网向直流侧传输功率。此时 $P<0$。

由同步旋转坐标系下的双向 AC/DC 变换器的 dq 模型知，控制 i_d 会对 i_q 产生一定的影响；同样，控制 i_q 也会对 i_d 产生影响。通过引入 dq 轴状态反馈，实现 PI 无静差控制，方便控制器参数设计，控制方程为

$$\begin{cases} v_d = -\left(K_{ip} + \frac{K_{il}}{s}\right)(i_d^* - i_d) + \omega L i_q + u_d \\ v_q = -\left(K_{ip} + \frac{K_{il}}{s}\right)(i_q^* - i_q) + \omega L i_d + u_q \end{cases} \tag{8-8}$$

式中 K_{ip}、K_{il}——分别为电流内环的比例系数和积分系数；

i_d^*、i_q^*——分别为 i_d 和 i_q 在 d、q 轴上的参考值。

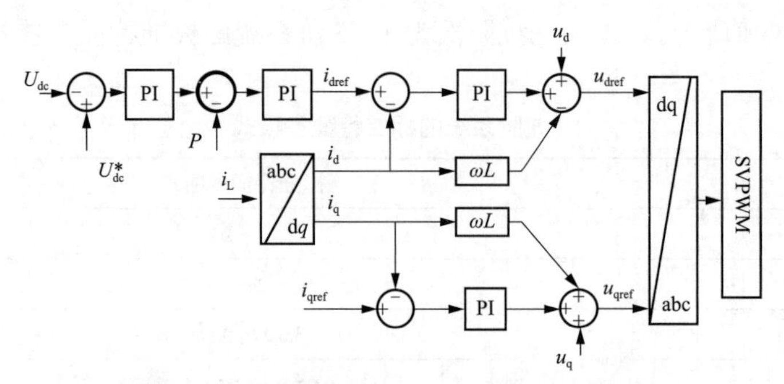

图 8-4　并网时双向 AC/DC 变换器控制策略

d 轴控制 $\hat{l}_d$，q 轴控制 $\hat{l}_q$ 的传递函数为

$$\frac{\hat{l}_d(s)}{\hat{d}_d(s)} = \frac{\hat{l}_q(s)}{\hat{d}_q(s)} = \frac{-U_{dc}}{Ls + R_s} \tag{8-9}$$

电流闭环控制系统（内环）如图 8-5 所示，其中 K_{PWM} 为变换器的等效增益；T_s 为开关周期。

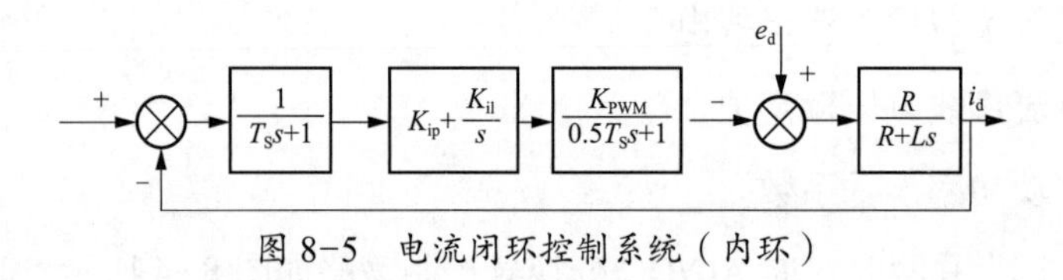

图 8-5　电流闭环控制系统（内环）

采用 PI 控制器，并将系统的零极点对消，可使系统的调节时间更短，令 $K_{ip}/K_{il}=L/R_s$，则电流内环闭环传递函数为

$$\frac{\hat{l}_d(s)}{\hat{d}_d(s)} = \frac{\hat{l}_q(s)}{\hat{d}_q(s)} = \frac{-U_{dc}}{Ls + R_s} \tag{8-10}$$

标准二阶特征多项式为 $s^2+2\omega_0 s+\omega_0^2$，令其与电流内环传递函数的特征多项式相等，则

$$\begin{cases} \omega_0^2 = (K_{il} K_{PWM} U_{dc} / 1.5 T_s R_s) \\ 2\omega_0 = 3 / (2T_s) \end{cases} \tag{8-11}$$

得到

$$\begin{cases} K_{\text{il}} = (27R_{\text{s}})/(16T_{\text{s}}K_{\text{PWM}}U_{\text{dc}}) \\ K_{\text{ip}} = (27L)/(16T_{\text{s}}K_{\text{PWM}}U_{\text{dc}}) \end{cases} \tag{8-12}$$

电压闭环控制系统（外环）如图 8-6 所示。

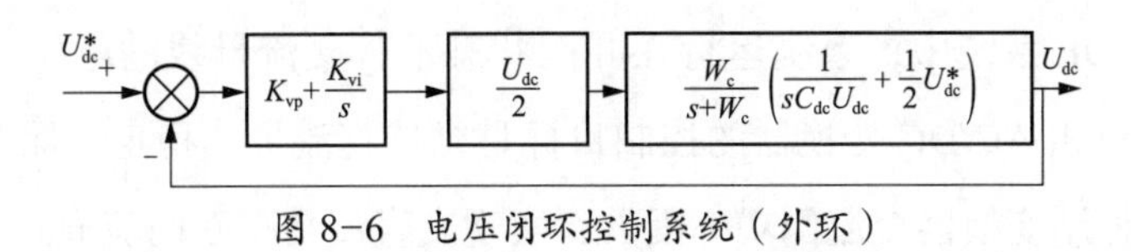

图 8-6　电压闭环控制系统（外环）

由图 8-6 可知，电压闭环特征方程为

$$s^3 + \omega_{\text{c}}s^2 + k_{\text{vp}}U_{\text{dc}}\omega_{\text{c}}s/(2C_{\text{dc}}U_{\text{dcm}}) + k_{\text{vi}}U_{\text{dc}}\omega_{\text{c}}/(2C_{\text{dc}}U_{\text{dcm}}) \tag{8-13}$$

式中　k_{vp}、k_{vi}——分别为电压内环的比例系数、积分系数。

标准三阶特征多项式为 $s^3+3\omega_0 s^2+3\omega_0^2 s+\omega_0^3$，令其与电流内环传递函数的特征多项式相等，则有

$$\begin{cases} k_{\text{vp}} = 2\omega_{\text{c}}C_{\text{dc}}U_{\text{dcm}}/(3U_{\text{dc}}) \\ k_{\text{vi}} = 2\omega_{\text{c}}^2 C_{\text{dc}}U_{\text{dcm}}/(27U_{\text{dc}}) \end{cases} \tag{8-14}$$

其中交流侧电压有效值为 380V，频率为 50Hz。PEDF 系统运行于并网模式，直流母线电压额定值为 750V；光伏发电系统实际输出电压为 720V；直流负荷通过 DC/DC 变换器接入直流母线；储能系统在并网模式下不工作。本节电流电压环均采用 PI 控制器结构，采用基于标准特征多项式配置的设计方法。仿真时所用系统参数和控制器参数分别见表 8-2 和表 8-3。

表 8-2　　AC/DC 双向变换器系统参数

参数	数值
直流母线额定电压 U_{dc}/V	720
电网额定电压幅值 U_{abc}/V	311
交流子网频率 f/Hz	50
直流测电容 C_{dc}/μF	6200
滤波电容 C/μF	1
滤波电阻 R/Ω	30

表 8-3　　仿真所用控制器参数

PI 控制器		标准特征多项式控制器	
k_{ip}	4	k_{ip}^*	10

续表

PI 控制器		标准特征多项式控制器	
k_{il}	100	k_{il}^*	150
k_{vp}	1.1	k_{vi}^*	25
k_{vi}	45	k_{vp}^*	220

在变电站 PEDF 系统中，系统运行在并网状态下，交流母线的电压和频率主要由电网维持；因此，三相 AC/DC 变换器的控制目标是维持直流母线稳定，保证交流侧电流正弦、对称，同时控制变换器交流侧功率因数，实现交直流功率双向流通。

当直流子网功率平衡，三相 AC/DC 变换器运行在停机模式，直流子网功率缺失，三相 AC/DC 变换器运行在整流模式，否则运行在逆变模式。

本节分析了由标准特征多项式配置方法设计的控制器在并网逆变模式与整流模式下对变换器的控制效果。与一般 PI 控制器相比，本节所提出的控制策略的谐波畸变率较低，该控制策略可提高变电站 PEDF 系统 AC/DC 变换器的可靠性，满足电流并网控制要求，还能在一定程度上消除 PEDF 系统并入变电站时对电能质量的影响，提高系统的抗扰能力，为变电站 PEDF 系统的稳定运行与光伏稳定并网提供技术支撑。

第三节　变电站“光储直柔”系统分层柔性控制策略

本节提出自上而下的 3 层分层控制方案，其中最上层为能量管理层，中间层为功率变换调制层，底层为电压稳定控制层。最上层和中间层共同构成变电站“光储直柔”（PEDF）系统的监控层，实现负载的可满足性，优化分布式发电单元的调度和存储问题，以及提高光伏与分布式电源的利用率。变电站 PEDF 系统分层控制结构如图 8-7 所示。

能量管理层利用光伏发电的预测值 P_{PV}^{f}，以及负荷的功率和电流的吸收量 $\overline{P}_{L}^{f}$，$\overline{I}_{L}^{f}$。在每个时间点，测量光伏发电量 P_{PV}^{O}、电池的荷电状态（State of Charge, SoC）S_B 以及“ZIP”负载的实际功率和电流吸收 $\overline{P}_{L}$，$\overline{I}_{L}$。能源管理层通过基于 MPC 的最优解算法为分布式发电单元提供最优的参考功率 $\overline{P}_{G,i}, i \in G$。此外，产生的决策变量 $R_i \in \{0,1\}, i \in G$，可以开启 / 关闭分布式发电单元或者改变分布式发电单元的运行模式。由于电压稳定控制层只能使用参考电压，所以功率变换调制层将能量管理层产生的参考功率转换成相应的参考电压 V^* 提供给电压稳定控制层。

不同控制层工作在不同的时间尺度。一般 EMS 运行在 5～15min 范围，功率变换调制层为 100～300s，电压稳定控制层为 10^{-6}～10^{-3}s。在每个采样时刻，相应的控制器对其对应的下层提供参考信号。

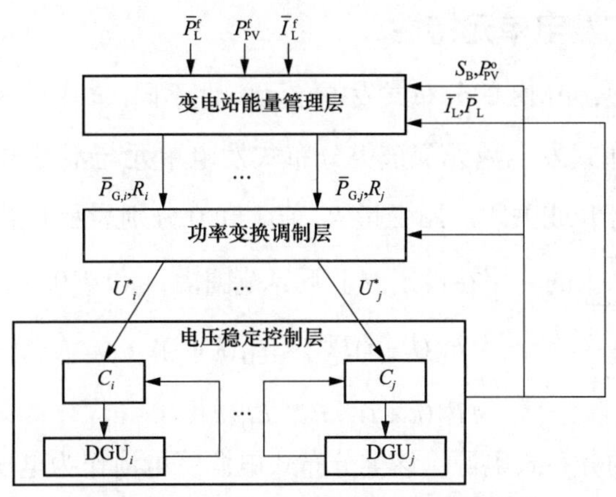

图 8-7　变电站 PEDF 系统分层控制结构

一、控制器设计

变电站 PEDF 系统能量管理层采用模型预测控制（MPC）策略进行控制器设计。基于 MPC 的能量管理系统在有限预测范围［k，⋯，$k+N$］（其中 N 为预测步数）的每一个采样时刻通过求解优化问题生产一个最优的电力调度方案，并确保在整个预测范围内为机组制定储能计划和运行方式。EMS 将根据新的最优调度方案，解决新的优化问题。

（1）对于恒电流负载（I），有

$$I_{LI,j}=\overline{I}_{L,j} \tag{8-15}$$

式中　$I_{LI,j}$——第 j 个恒电流负载的电流。

（2）对于恒阻抗负载（Z），有

$$I_{LZ,j}(V_i)=Y_{L,j}V_j \tag{8-16}$$

式中　$I_{LZ,j}(V_i)$——第 j 个恒阻抗负载的电流；

$Y_{L,j}$——第 j 个负载的电导。

（3）对于恒功率负载（P），有

$$I_{LP,j}(V_j)=V_j^{-1}\overline{P}_{L,j} \tag{8-17}$$

式中　$I_{LP,j}(V_i)$——第 j 个恒功率负载的电流；

$\overline{P}_{L,j}$——第 j 个负载的功率，$\overline{P}_{L,j}>0$。

（4）综上，有

$$I_j(V_j)=\overline{I}_j+Y_jU_j+U_j^{-1}\overline{P}_j \tag{8-18}$$

负载 j 所吸收的净功率为

$$I_j(V_j)=\overline{I}_j+Y_jU_j+U_j^{-1}\overline{P}_j \tag{8-19}$$

二、EMS 的分布式发电单元特性

根据电压源的类型，EMS 的分布式发电单元特性不同。

（1）可调度的分布式发电单元。该类分布式发电单元与不可再生能源连接，可以根据 PEDF 系统的需要打开或关闭。用变量 R_D 值 1 和 0 分别表示开启和关闭状态。可调度的发布式发电单元所产生的功率在设定的上下界范围内，$\forall i \in [0, \cdots, N-1]$。

$$
\begin{aligned}
R_D(k+i)P_{D,j}^{\min} &\leqslant P_D(k+i) \\
P_D(k+i) &\leqslant P_D^{\max} R_D(k+i)
\end{aligned} \tag{8-20}
$$

（2）与电池连接的分布式电源。该类分布式电源将电池作为电压源，电池的 SOC 为

$$
S_B(k+1+i) = S_B(k+i) - \frac{\tau}{C_B}\left(\frac{1}{\eta_{DH}}P_{DH}(k+i) + \eta_{CH}P_{CH}(k+i)\right) \tag{8-21}
$$

其中，电池的输出功率为放电功率 P_{DH} 与充电功率 P_{CH} 的差值。用变量 R_B 值 1 和 0 分别表示放电和充电状态。为了保护电池，将电池的 SoC 限制在其允许的最小值和最大值之间。同时，为了避免电池完全充电或放电，而不能保证电压稳定和负载满足所有可能的意外情况，所以对 SoC 施加了约束，即

$$
S_B(k+N) = S_B^{O} + \Delta S_B \tag{8-22}
$$

式中 S_B^{O}——电池的标称 SoC；

ΔS_B——为保证可行性而引入的松弛变量。

（3）与光伏连接的分布式电源。该类分布式电源有功率缩减模式和最大功率点追踪（Maximum Power Point Tracking，MPPT）模式两种不同的运行模式。在功率缩减模式下，分布式电源的功率被削减，以遵循运行限制，而当光伏和分布式电源在最大功率点追踪模式下运行时，最大可能功率被注入电网。为了在光伏发电高峰期间保持内部功率平衡，有时会不可避免地出现功率削减现象。在给定的时间瞬间，EMS 利用实际光伏发电量和对未来时间的预测，光伏功率输出表示为

$$
P_{PV}(k) = P_{PV}^{O}(k)\Delta P_{PV}(k) \tag{8-23}
$$

$$
P_{PV}(k+i) = P_{PV}^{f}(k+i) - \Delta P_{PV}(k+i) \tag{8-24}
$$

式中 ΔP_{PV}——功率的减少量。

功率的削减量不能是任意的，它要满足下列约束条件，即

$$
\Delta P_{PV}(k) \geqslant [1 - R_{PV}(k)]\varepsilon \tag{8-25}
$$

$$
\Delta P_{PV}(k) \leqslant [1 - R_{PV}(k)]P_{PV}^{O}(k) \tag{8-26}
$$

$$
\Delta P_{PV}(k+i) \geqslant [1 - R_{PV}(k+i)]\varepsilon \tag{8-27}
$$

$$\Delta P_{\rm PV}(k+i)\leqslant[1-R_{\rm PV}(k+i)]P_{\rm PV}^{\rm f}(k+i) \tag{8-28}$$

其中，ε 是一个任意小的数，$R_{\rm PV}$ 是一个决策变量。限制条件不仅是限制功率缩减，而且还表明当前的运行模式。如果 $R_{\rm PV}$=1，则 $\Delta R_{\rm PV}$ 被强制为零，运行在 MPPT 模式；如果 $R_{\rm PV}$=0，则被削减的功率必须严格大于零且小于有效光伏发电量。

三、限制条件

在变电站 PEDF 系统中，必须保持内部功率平衡，且在 EMS 中忽略转换器和网络损耗。因此，有以下限制条件，即

$$\sum P_{\rm B}(k+i)+\sum P_{\rm D}(k+i)+\sum P_{\rm PV}(k+i)+\sum P_{\rm L}^{\rm O}(k+i)=0 \tag{8-29}$$

成本函数的目的是使满足电力负荷的成本最小化，因此成本函数为

$$\begin{aligned}J(k)=&\sum_{b\in D_{\rm B}}(\Delta S_{{\rm B},b})^2\omega_{{\rm S},b}+\sum_{i=0}^{N-1}\sum_{b\in D_{\rm B}}\left[P_{{\rm B},b}(k+i)\right]^2\omega_{{\rm B},b}+\sum_{i=0}^{N-1}\sum_{d\in D_{\rm D}}\left[P_{{\rm D},d}(k+i)\right]^2\omega_{{\rm D},d}\\&+\sum_{i=0}^{N-1}\sum_{p\in D_{\rm P}}\left[P_{{\rm PV},p}(k+i)\right]^2\omega_{{\rm PV},p}+\sum_{i=0}^{N-1}\sum_{p\in D_{\rm P}}\left[\delta_{{\rm PV},p}(k+i)-R_{{\rm PV},p}(k+i-1)\right]^2\omega R_{{\rm PV},p}\\&+\sum_{i=0}^{N-1}\sum_{b\in D_{\rm B}}\left[\delta_{{\rm B},b}(k+i)-R_{{\rm B},b}(k+i-1)\right]^2\omega R_{{\rm B},b}\\&+\sum_{i=0}^{N-1}\sum_{d\in D_{\rm D}}\left[\delta_{{\rm D},d}(k+i)-R_{{\rm D},d}(k+i-1)\right]^2\omega R_{{\rm D},d}\end{aligned} \tag{8-30}$$

式中　ω——正权重；

$\omega_{{\rm S},b}$——SoC 的正权重；

$\omega_{{\rm B},b}$——与电池连接的分布式电源的正权重；

$\omega_{{\rm D},d}$——可调度的分布式发电单元的正权重；

$\omega_{{\rm PV},p}$——与光伏连接的分布式电源的正权重。

在 EMS 的每一个时间步求得最优解，得到最优功率设定点 $\overline{P}_{{\rm B},i}$、$\overline{P}_{{\rm D},j}$、$\overline{P}_{{\rm PV},p}$ 和决策变量 $R_{{\rm B},j}$、$R_{{\rm D},j}$、$R_{{\rm PV},p}$。能量管理层的优化问题可表述为

$$J_{\rm EMS}(k)=\min J(k) \tag{8-31}$$

式（8-20）～式（8-29）构成能量管理层优化问题式（8-31）的约束。

四、网络拓扑结构

变电站“光储直柔”（PEDF）系统能量管理层产生参考功率和决策变量并将其传递给功率变换调制层。这些决策变量的值实质上决定了变电站 PEDF 系统网络的拓扑结构。由于电压稳定控制器不能直接感知 EMS 的参考功率，因此需要功率变换调制层控制器通过基于拓扑的功率流方程来完成功率和电压的转换。

由于 PEDF 系统稳态时，电感和电容可以忽略，因此电流—电压关系可由单位阵 $I=B\Gamma B^{\mathrm{T}}U=YU$ 给出，其中 $B\in R^{(n+m)\times|E|}$ 为 m 的关联矩阵，I 为公共耦合点电流的向量，U 为公共耦合点电压的向量（见图 8-1），Γ 为线路电导的对角矩阵，$Y\in R^{(n+m)\times(n+m)}$ 为网络导纳矩阵。在将节点划分为分布式发电单元和负载时，电流—电压关系可以表述为

$$\begin{bmatrix} I_{\mathrm{G}} \\ I_{\mathrm{L}} \end{bmatrix}=\begin{bmatrix} B_{\mathrm{G}}R^{-1}B_{\mathrm{G}}^{\mathrm{T}}B_{\mathrm{G}}R^{-1}B_{\mathrm{G}}^{\mathrm{T}} \\ B_{\mathrm{L}}R^{-1}B_{\mathrm{G}}^{\mathrm{T}}B_{\mathrm{L}}R^{-1}B_{\mathrm{G}}^{\mathrm{T}} \end{bmatrix}\begin{bmatrix} U_{\mathrm{G}} \\ U_{\mathrm{L}} \end{bmatrix}=\begin{bmatrix} Y_{\mathrm{GG}}Y_{\mathrm{GL}} \\ Y_{\mathrm{LG}}Y_{\mathrm{LL}} \end{bmatrix}\begin{bmatrix} U_{\mathrm{G}} \\ U_{\mathrm{L}} \end{bmatrix} \tag{8-32}$$

式中，$U_{\mathrm{G}}=[U_1,\cdots,U_n]^{\mathrm{T}}$，$U_{\mathrm{L}}=[U_{n+1},\cdots,U_{n+m}]^{\mathrm{T}}$，$I_{\mathrm{G}}=[I_1,\cdots,I_n]^{\mathrm{T}}$，$I_{\mathrm{L}}=[I_{n+1},\cdots,I_{n+m}]^{\mathrm{T}}$，下标 G 和 L 分别表示分布式电源和负载。在整个研究过程中，我们假设对于所有 $i\in U$，公共耦合点的电压 U_i 严格为正。

根据式（8-19），可以将式（8-32）简化为

$$I_{\mathrm{G}}=Y_{\mathrm{GG}}U_{\mathrm{G}}+Y_{\mathrm{GL}}U_{\mathrm{L}} \tag{8-33}$$

$$0=Y_{\mathrm{LG}}U_{\mathrm{G}}+Y_{\mathrm{LL}}U_{\mathrm{L}}+Y_{\mathrm{L}}U_{\mathrm{L}}+\overline{I}_{\mathrm{L}}+[U_{\mathrm{L}}]^{-1}\overline{P}_{\mathrm{L}} \tag{8-34}$$

$$P_{\mathrm{G}}=[U_{\mathrm{G}}]I_{\mathrm{G}}+[I_{\mathrm{G}}]R_{\mathrm{G}}I_{\mathrm{G}} \tag{8-35}$$

根据式（8-35），可以将式（8-33）、式（8-34）重写为

$$f_{\mathrm{G}}(U_{\mathrm{G}},U_{\mathrm{L}},P_{\mathrm{G}})=[U_{\mathrm{G}}]Y_{\mathrm{GG}}U_{\mathrm{G}}+[U_{\mathrm{G}}]Y_{\mathrm{GL}}U_{\mathrm{L}}+[I_{\mathrm{G}}]R_{\mathrm{G}}I_{\mathrm{G}}-P_{\mathrm{G}}=0 \tag{8-36}$$

$$0=Y_{\mathrm{LG}}U_{\mathrm{G}}+Y_{\mathrm{LL}}U_{\mathrm{L}}+Y_{\mathrm{L}}U_{\mathrm{L}}+\overline{I}_{\mathrm{L}}+[U_{\mathrm{L}}]^{-1}\overline{P}_{\mathrm{L}} \tag{8-37}$$

式（8-36）和式（8-37）分别描述了分布式发电单元节点和负载节点的功率平衡和电流平衡。这些方程取决于与拓扑相关的 Y 矩阵，一旦接收到一组新的决策变量，这些方程就会更新。为将变电站 PEDF 系统的 EMS 产生的参考功率转化为合适的参考电压，功率变换调制层作用是依据式（8-36）和式（8-37）得到最优参考功率 $\overline{P}_{\mathrm{G}}$ 与 DGU 输入功率 P_{G} 之间的差值的最小值以及对应的参考电压 U^*。

接下来考虑满足式（8-36）和式（8-37）功率电流平衡情况下，变电站 PEDF 系统节点电压和 DGU 功率不受限制的优化问题。变电站 PEDF 系统功率流优化（Power Flow, PF）可表述为

$$J_{\mathrm{SPF}}(\overline{P}_{\mathrm{G}},\overline{P}_{\mathrm{L}},\overline{I}_{\mathrm{L}})=\min_{U_{\mathrm{G}},U_{\mathrm{L}},P_{\mathrm{G}}}\left\|P_{\mathrm{G}}-\overline{P}_{\mathrm{G}}\right\|_2 \tag{8-38}$$

$$\text{s.t.}\ \ f_{\mathrm{G}}(U_{\mathrm{G}},U_{\mathrm{L}},P_{\mathrm{G}})=0 \tag{8-39}$$

$$f_{\mathrm{L}}(U_{\mathrm{G}},U_{\mathrm{L}})=0 \tag{8-40}$$

结合图 8-7 可知，PF 层需要拓扑结构更新后的负载消耗（$\overline{P}_{\mathrm{L}}$，$\overline{I}_{\mathrm{L}}$）和参考功率 $\overline{P}_{\mathrm{G}}$ 才能求解式（8-38）。我们定义 X 为同时满足式（8-39）和式（8-40）的所有（U_{G}，U_{L}，P_{G}）的集合，集合 X 非空。

引理 1　矩阵 Y_{LL} 可以写成

$$Y_{LL}=\hat{Y}_{LL}+(-Y_{LG}1_n) \tag{8-41}$$

式中，$\hat{Y}_{LL}$ 是一个拉普拉斯矩阵。

引理 2　矩阵 $-(Y_{LL}+Y_L)^{-1}Y_{LG}$ 没有全零行，并且是非负矩阵。

在引理 1 和引理 2 的基础上，我们得出式（8–40）的电压解（U_G^*，U_L^*）是存在的，并且式（8–39）是关于 P_G 线性的，意味着，对于式（8–40）的任意解（U_G^*，U_L^*），式（8–39）总是存在一个与之对应的解 P_G^*。由此我们得出变电站 PEDF 系统的 PF 总是可行的。

推论（变电站 PEDF 系统的 PF 的可行性）集合 X 是非空的。特别地，对于所有 $\overline{P}_L\in R^m$ 和 $\overline{I}_L\in R^m$，下列语句成立。

（1）式（8–40）总是有解的。

（2）式（8–40）的可解意味着式（8–39）也是可解的。

推论保证了变电站 PEDF 系统的 PF 的可行性。如果变电站 PEDF 系统的 PF 达到最佳成本 $J_{SPF}^*=0$，这就意味着存在一个电压解决方案，使得参考功率 $\overline{P}_G$ 能被 DGU 精确跟踪。但是无论（$\overline{P}_L,\overline{I}_L,\overline{P}_G$）取何值，都不能实现这个方案。因此提出了当 $J_{SPF}^*=0$ 时的必要条件。

如果变电站 PEDF 系统的 PF 能达到最佳成本 $J_{SPF}^*=0$，则有

$$\sum_{\forall i\in D}\overline{P}_G\geqslant\sum_{\forall i\in L}\overline{P}_L-\frac{1}{4}\overline{I}_L^T\tilde{Y}_{GG}^{-1}\overline{I}_L \tag{8-42}$$

式中，$\tilde{Y}_{GG}=Y_{GG}-Y_{GL}^T(Y_{LL}+Y_L)Y_{GL}$。

需要强调的是，必要条件式（8–40）只取决于网络参数和负载消耗。因此，可以将其作为参考功率 $\overline{P}_G$ 选择的限制条件纳入到 EMS 优化问题中。

然而，在实际变电站 PEDF 系统中，功率输出 P_G 受到 DGU 的物理限制。此外，变电站 PEDF 系统节点通常设计在标称电压附近工作。因此，节点电压和 DGU 功率都必须遵守某些约束，这些约束没有包含在前面提到的 PF 中。据此，变电站 PEDF 系统带约束的功率流优化问题（Constrained PF，CPF）可表述为

$$J_{SCPF}(\overline{P}_G,\overline{P}_L,\overline{I}_L)=\min_{U_G,U_L,P_G}\left\|P_G-\overline{P}_G\overline{P}_G\right\|_2 \tag{8-43}$$

$$\text{s.t.}\quad f_G(U_G,U_L,P_G)=0 \tag{8-44}$$

$$f_L(U_G,U_L)=0 \tag{8-45}$$

$$U_G^{\min}\leqslant U_G\leqslant U_G^{\max} \tag{8-46}$$

$$U_{\mathrm{L}}^{\min} \leqslant U_{\mathrm{L}} \leqslant U_{\mathrm{L}}^{\max} \tag{8-47}$$

$$P_{\mathrm{G}}^{\min} \leqslant P_{\mathrm{G}} \leqslant P_{\mathrm{G}}^{\max} \tag{8-48}$$

PF 和式（8–43）～式（8–48）有解的可行性由推论 1 保证。考虑到电压和功率的极限值，CPF 的整体可行性不能直接保证。然而，如果变电站 PEDF 系统设计得当，一个 CPF 的可行的解决方案应该始终存在。事实上，CPF 的不可行性仅仅意味着在允许的电压范围内没有足够的发电量来满足负载的需求和损耗。在此特别对允许的电压范围进行说明，根据目前最新修订的《建筑光储直柔系统评价标准（征求意见稿）》中对系统稳态时电压的规定，所以将变电站 PEDF 系统允许的电压范围设定为系统标称电压的 85%～105%。

接下来研究式（8–43）的最优解 $x^*=(U_{\mathrm{G}}^*, U_{\mathrm{L}}^*, U_{\mathrm{G}}^*)$ 的性质。如前所述，功率变换调制层作为 EMS 和电压稳定控制层之间的接口。从 CPF 获得的电压 U_{G}^* 作为参考传输给 DGU 的电压稳定控制层的电压控制器。由于负载节点没有配备电压控制器，发电机也没有被控制以跟踪参考功率，因此只能直接施加 X^* 分量 U_{G}^*。因此，重要的是保证给定的参考电压 U_{G}^* 在 DGU 节点上，P_{G}^* 是 DGU 产生的功率，U_{L}^* 是负载节点的电压。这表明，对于任意一个固定的 U_{G}^*，潮流方程式（8–36）和式（8–37）的唯一解总有 $U_{\mathrm{L}}=U_{\mathrm{L}}^*$，$P_{\mathrm{G}}=P_{\mathrm{G}}^*$。可以用以下定理来证明它的唯一性。

定理 （电压解的唯一性）：考虑 CPF 最优解问题的解 $x^*=(U_{\mathrm{G}}^*, U_{\mathrm{L}}^*, P_{\mathrm{G}}^*)$。对于固定的 U_{G}^*，$(U_{\mathrm{L}}^*, P_{\mathrm{G}}^*)$ 是集合 $Y=\{(U_{\mathrm{L}}, P_{\mathrm{G}}): U_{\mathrm{L}}>U_{\mathrm{L}}^{\min}, P_{\mathrm{G}} \in R^n\}$ 中式（8–36）和式（8–37）的唯一解，有

$$\overline{P}_{\mathrm{L},i} < (U_i^{\min})^2 Y_{\mathrm{L},i}, \forall i \in \overline{L} \tag{8-49}$$

评论 1（稳定性）：式（8–49）的唯一性本质上是限制了 P 负载的功率损耗。如文献［9］所述，由于 P 负载引入负阻抗，其功耗 $\overline{P}_{\mathrm{L},i} < (U_i^*)^2 Y_{\mathrm{L},i}, \forall i \in \overline{L}$，以保证稳定性。由于 U_i^* 是 CPF 的解，$U_i^* \geqslant U_i^{\min}$，通过满足式（8–49），可以同时保证负载电压的唯一性和 PEDF 系统的稳定性。

评论 2：使用分层控制方案是微电网整体运行的一个成熟的概念。文献［9］探索了孤岛 PEDF 系统中具有不同功能的监督控制结构。然而，这些结构局限于特定的拓扑结构，没有考虑与电压稳定控制层的连接，或者忽略了 PEDF 系统的稳定性。除了纳入随时间变化的通用拓扑和多个控制层的无缝集成外，本文同时考虑了整体微电网的稳定性和最优资源配置。此外，功率变换调制层也可以很容易地与产生参考功率的任何 EMS 相连接。

五、小结

本节建立了一种复合的“光储直柔”（PEDF）微电网分层控制结构，适用于具有任意拓扑结构的PEDF系统的整体操作运行和控制，包含能量管理层、功率变换调制层和电压稳定控制层的自上而下的分层的变电站PEDF系统复合框架。本节构建了该框架中能量管理层和功率变换调制层构成了系统的监督管理层。其中，能量管理层利用对光伏的发电量和负载的功率和电流吸收量的预测形成基于MPC的能量管理策略，为变电站PEDF系统的发电单元产生功率参考和运行模式的决策变量。功率变换调制层负责将产生的功率参考转换成可供电压稳定控制层使用的电压参考，更具体的是参考电压的获得是通过考虑实际操作限制的优化问题求解得到的，所提的控制框架以及响应的控制策略通过工作在不同的时间尺度来优化分布式发电单元的调度和存储问题，以及提高了光伏和分布式电源的最大可能利用率。该控制策略可实现变电站PEDF系统内可调配单元、光伏发电单元、储能单元和负载的优化调度以及网络拓扑的良好切换，并获得了期望的性能。所提控制框架和自适应策略保障了PEDF系统的稳定运行，为PEDF系统分布式、高效优化运行和将来参与电网互动提供了技术支撑。

第九章 变电站低碳智慧运营

本章围绕变电站低碳智慧运营展开分析，旨在探究如何在现有技术条件下实现变电站高效、节能、环保的运行方式。将简要介绍低碳智慧运营的相关概念及其必要性，并结合当前国内外电力行业的现状，分析低碳智慧运营的重要性和紧迫性。

第一节 低碳运营技术

变电站低碳智慧运营技术，是指在变电站建筑内部对于能源、水资源、空气质量、噪声、废弃物、环境保护等方面进行有效的管理和控制，以确保建筑物的运营达到最佳状态。变电站低碳智慧运营技术的内容包括建筑物的维护管理、能源管理、环境管理、供水及排水管理、智能化建筑管理等。运营管理内容如图 9-1 所示。为了实现低碳变电站的高效稳定运行，需要采用先进的变电站运营技术。

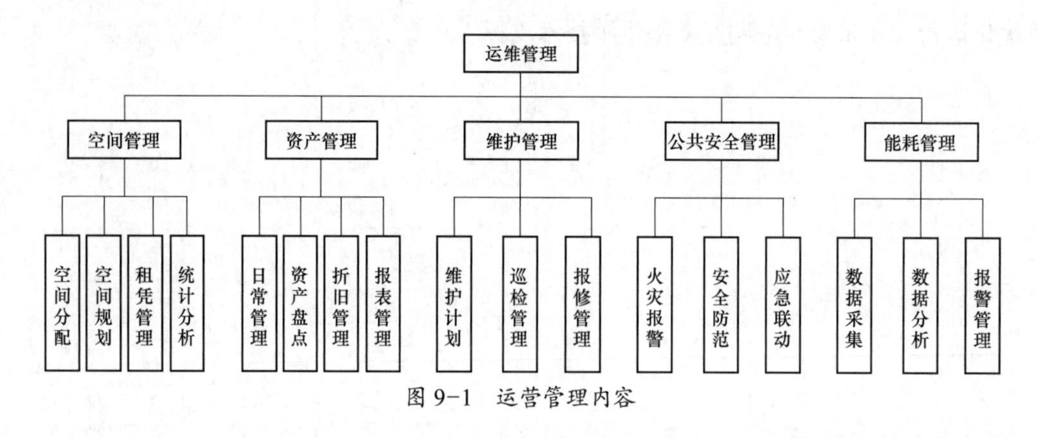

图 9-1 运营管理内容

BIM 技术、智能监测技术、远程控制技术、智能维护技术、清洁能源储能技术和绿色供应链管理，是低碳变电站运维技术的重要组成部分。这些技术的应用可以提高变电站的运行效率和可靠性，实现低碳、清洁能源的可持续供应。

一、BIM 技术

在 20 世纪 70 年代，BIM（Building Information Modeling，建筑信息模型）技术已经开始使用。从广义层面来看，BIM 技术从技术、过程以及政策等角度出发，共同作用形成项目数据管理。从狭义角度来看，BIM 技术将项目有关信息集成，以三维技术为支撑，构建数据模型，是数字化的功能特性、设施实体化表达。作为一种以三维数字技术为基础的建筑信息模型，BIM 集成了建筑项目全生命周期的详细数据，并利用数字信息仿真来模拟建筑所具有的真实信息，从而使项目不同阶段的参与主体都能通过 BIM 平台获取相关数据，实现建筑工程项目的协同管理。BIM 技术具有可视化、协调性、模拟性、优化性、可出图性、高效性等优点。

二、智能监测技术

智能监测技术是指通过传感器、物联网、人工智能等技术，对变电站设备进行实时监测，并通过数据分析和处理，提供设备健康状况的预警和诊断信息。智能监测技术的应用可以及时发现设备故障，减少因设备故障带来的停机时间，降低维护成本，提高设备的可靠性和运行效率。山西省晋能集团的低碳变电站，采用智能监测技术，对变电站设备进行实时监测。通过对数据的分析和处理，可以及时发现设备的健康状况，提高设备的可靠性和运行效率。

三、远程控制技术

远程控制技术是指通过网络等技术，对变电站的设备进行远程操作和维护。利用远程控制技术，可以实现对设备的远程监控、远程调试和远程维护，从而避免了人员进入现场的风险，并且能够快速、准确地进行操作。远程控制技术的应用可以提高设备的可靠性和运行效率，降低维护成本。

四、智能维护技术

智能维护技术是指通过数据分析和诊断，提前预测设备的故障，进行预防性维护。利用智能维护技术，可以对设备进行运行状态的实时监测，并通过数据分析和处理，提供设备健康状况的预警和诊断信息。通过对设备的健康状况进行分析和诊断，可以提前预测设备的故障，进行预防性维护，减少故障率，延长设备寿命。

中国南方电网的低碳变电站即采用智能维护技术，其运维技术试验基地节省投资超10%，且运维成本下降，传统变电站需要运维工作人员 4～5 个，现在只需要 1 个运维人员即可。

五、清洁能源储能技术

清洁能源储能技术是指利用电池、超级电容等技术，对清洁能源进行储存和转换。采用清洁能源储能技术，可以实现对能源的有效储存和转换，确保低碳变电站的可持续运行。利用清洁能源储能技术，可以实现对电网的平稳调节，提高清洁能源的利用效率。

六、绿色供应链管理

绿色供应链管理是指在供应链的各个环节中，采用绿色、环保的方法和材料，减少对环境的影响，提高变电站的可持续性。广东电网的低碳变电站就是采用绿色供应链管理，选择低碳、环保、高效的设备和材料，减少对环境的污染和对资源的消耗，提高变电站的可持续性。

第二节 低碳运营保障措施

针对低碳变电站运营，需要采取一系列具体措施，以实现对低碳变电站建筑运营的有效管理和控制。

一、变电站建筑的维护管理

建筑物的维护管理是低碳变电站运营技术中的重要环节。建筑物的维护管理内容包括建筑物的保洁、设备的维护、设备的更新等。对于绿色建筑来说，维护管理还需要关注建筑物的节能、节水、节材等方面，以确保建筑物的运营达到最佳状态。

二、变电站能源管理

能源管理是低碳变电站运营技术中的核心内容。能源管理包括变电站建筑物的能源消耗监测、能源使用效率评估、能源管理措施的制定等。通过能源管理，可以减少建筑物的能源浪费，降低能源成本，提高建筑物的能源利用效率。

三、变电站环境管理

环境管理是低碳变电站运营技术中的另一个重要内容。环境管理包括室内空气质量的监测、室内照明的管理、建筑物的噪声控制等。通过环境管理，可以提高建筑物的环保性，减少建筑对环境的污染。

四、变电站供水及排水管理

供水及排水管理也是低碳变电站运营技术中的一个重要方面。供水及排水管理包括建筑物的供水、排水系统的管理，以及建筑物的水资源利用率评估等。通过供水、排水系统的管理，可以减少建筑物的水资源浪费，提高水资源的利用效率。

五、变电站智能化建筑管理

智能化变电站管理是低碳变电站运营技术中的新兴领域。智能化建筑管理包括建筑物的智能化系统设计、建筑物的智能化管理、建筑物的智能化维护等。通过智能化建筑管理，可以提高建筑物的使用效率和舒适度，为用户提供更好的使用体验。

第三节　变电站建筑能源需求响应方案

一、变电站可再生能源配置

变电站建筑可再生能源配置方案是指在建筑物中使用可再生能源技术的综合方案。它不仅可以为建筑物内部提供能源供应，还可以降低建筑物对传统能源的依赖，减少 CO_2 等温室气体的排放。

1. 可用于变电站建筑的可再生能源系统

下面列举了一些可以用于变电站建筑的可再生能源系统，以满足不同建筑物的需求。

（1）太阳能热水系统，包括太阳能集热器、水箱和管道等组件，太阳能集热器将太阳能转化为热能，水箱存储和分配热能，管道将热水分配到建筑物的热水系统中，太阳能热水系统可以减少建筑物对传统能源的依赖，节省能源成本。

（2）太阳能光伏系统。太阳能光伏系统是一种光伏发电技术，使用太阳能来产生电能。由光伏电池板、电池组、充电控制器和储能设备等组件组成。光伏电池板将太阳能转化为直流电能，电池组存储电能，充电控制器控制光伏电池板的输出，储能设备将电能转化为电力供应建筑物。

（3）生物质锅炉系统。生物质锅炉是一种利用生物质能源进行发热和发电的设备，通过燃烧生物质燃料产生蒸汽，蒸汽通过涡轮机转换为电力。

（4）地源热泵系统。地源热泵是一种利用地热能源进行制暖和制冷的设备，包括地表换热器、热泵和供暖系统等组件。地表换热器通过地下管道将热能传输到热泵中，热泵再将热能转化为供热或供冷。地源热泵可以在冬季为建筑物提供暖气，夏季为建筑物提供制冷，减少建筑物对传统能源的依赖。

（5）风力发电系统。风力发电是一种利用风能进行发电的技术。风力发电系统由风力发电机、风轮、控制器和电源等组件组成，可以为建筑物提供清洁的电力，降低建筑物对传统能源的依赖。

总之，变电站建筑可再生能源配置方案涵盖了很多技术和设备，可以根据建筑物的特点和需求来选择相应的方案，大大降低了建筑物对传统能源的依赖。逐步推广建筑可再生能源配置方案有助于降低能源消耗和温室气体排放，建立可持续的能源体系。

2. 可再生能源系统配置建议

结合不同建筑特点进行可再生能源配置需要考虑多个因素，并且需要考虑经济性和实际可行性等因素，以确保可再生能源配置的可持续性和经济性。以下是一些常见的建筑特点及相应的可再生能源配置建议。

（1）建筑类型。建筑类型包括高层建筑、低层建筑、独立别墅、公寓等不同类型。对于高层建筑，可以利用较大的屋顶面积，采用太阳能光伏板进行发电；而低层建筑则可以在墙面安装光伏板。针对独立别墅，可以采用地源热泵供暖；公寓则可以采用太阳能热水器供应热水。此外，针对特殊类型的建筑，如厂房、办公楼等，也需要根据具体情况进行可再生能源配置。

（2）建筑用途。建筑用途包括商业建筑、医院、学校、酒店等不同类型。针对商业建筑，太阳能光伏发电系统可以满足建筑的大量用电需求；而对于医院等单位则需要采用生物质能源供暖，以满足建筑的热能需求。对于学校和酒店等建筑，可以采用太阳能热水器供应热水。

（3）地理位置。建筑所处的地理位置也是影响可再生能源配置的重要因素。比如，沿海城市可以采用海洋能发电系统，而山区建筑则可以选择水力发电系统。另外，一些偏远地区、岛屿等地区也可以采用风能、太阳能等可再生能源进行供能。

（4）气候条件。气候条件也是影响可再生能源配置的因素之一。比如，对于气候寒冷的地区，可以采用地源热泵供暖，以利用地下热能进行供暖；而对于气候温暖的地区，可以采用太阳能热水器，以利用太阳能进行热水供应。

二、变电站需求响应方案

1. 可再生能源系统配置选型方法

对于变电站建筑的可再生能源系统配置选型方法，可以先确定以下几个步骤。

（1）确定可再生能源类型。根据变电站所处地区的地理位置信息和建筑信息，挖掘可再生能源类型，比如太阳能、风能等。

（2）评估可再生能源资源。根据所处地区的可再生能源资源情况，评估其可利用性和稳定性，从而选择出最为合适的可再生能源。

（3）明确变电站能源需求。根据变电站的负荷情况、用电量等信息，明确变电站能源需求。

（4）选择相对应的技术方案。根据所选的可再生能源类型和变电站的能源需求，选择出可再生能源系统的技术方案，比如太阳能光伏系统、风力发电系统等。

（5）评估经济效益和环保效益。通过对可再生能源系统的经济效益和环保效益进行评估，判断是否具有足够的投资价值，并决定是否要开展可再生能源系统的建设。

2. 建筑用能需求响应方案的优化

为了提供变电站建筑的用能需求响应方案，我们还可以集成建筑热惰性模型、能耗系统模型和可再生能源系统模型，通过以下具体步骤实现建筑用能需求响应方案的优化。

（1）建立建筑热惰性模型。该模型可以基于建筑结构、材料、朝向、窗户等因素预测建筑在不同季节和天气条件下的室内温度和湿度变化情况。

（2）建立能耗系统模型。该模型可以评估建筑中各个能源系统的能耗情况，包括供暖、空调、照明、电梯等。这需要对建筑中每一个系统进行详细的能耗分析。在此基础上，提供优化建议。

（3）建立可再生能源系统模型。该模型可以评估利用太阳能、风能等可再生能源来满足部分或全部建筑的能源需求的可行性。在此基础上，可以根据可再生能源的实际发电情况进行调整，以最大程度地利用可再生能源。

（4）集成 3 种模型。（1）～（3）的 3 种模型可以通过集成进行优化。集成 3 种模型可以为建筑节能和优化能源使用提供更准确和可靠的解决方案。

（5）评估效果并反馈优化。建立该系统后，需要进行实验和数据分析来评估其效果，并根据结果反馈进行优化。这可以通过对系统实际运行情况进行监测，比较系统预测值和实际值之间的误差等方式来完成。根据评估结果，可以对系统进行调整和优化，从而提高其准确性和稳定性，更好地满足建筑用能需求响应方案的要求。

综上所述，集成建筑热惰性模型、能耗系统模型和可再生能源系统模型可以为建筑节能和优化能源使用提供更有效的解决方案。

第四节　基于人工智能的建筑低碳运营技术

人工智能在建筑智能运营领域有着广泛的应用，以下是一些常见的人工智能方法及其在建筑智能运营中的应用。

（1）数据分析和挖掘。通过对建筑物内传感器数据的收集和分析，可以实时监测和调整建筑物的能源消耗、温度、湿度等各项指标，提高建筑物的能源利用效率和舒适度。

（2）机器学习。通过对历史数据的分析，可以让建筑物系统自动地学习和调整，以达到最佳的能源利用效率和舒适度。比如，根据室内外温度、湿度、人员数量等因素，自动调整空调系统。

（3）智能识别和控制系统。通过人工智能算法，可以实现对建筑物内部各个系统的智能识别和控制。比如，自动识别建筑物内的人员数量，并调整照明和空调系统的使用。

（4）预测性维护。通过对建筑物内部设备和系统的数据进行分析和预测，可以提前预测设备的维护需求，从而提高设备的使用寿命和减少维护成本。

（5）能源储备和回收系统。通过人工智能控制系统，可以自动调整建筑物内的太阳能电池板、风力发电机等能源储备系统的使用，以及废水、废气等能源回收系统的运行，以提高建筑物的能源利用效率和减少能源浪费。

总之，人工智能在建筑智能运营领域有着广泛的应用前景，可以通过数据分析、机器学习、智能识别和控制等技术，提高建筑物的能源利用效率、舒适度和安全性。

一、基于人工智能方法的变电站能耗预测

建筑能耗预测不仅是评估节能措施节能潜力的重要工具，也是智慧建筑的重要组成部分。本节将介绍变电站能耗预测的方法和技术。

（1）数据采集和处理。变电站能耗预测需要对变电站历史能耗数据和环境数据进行采集和整理，建立数据集。数据预处理是指对采集到的数据进行清洗、去噪、补缺等处理，使数据达到可用状态。

（2）特征工程。特征工程是指根据变电站的运行特点和环境条件，提取与能耗相关的关键特征，如温度、湿度、负荷等。特征工程对于建立能耗预测模型非常重要，好的特征工程可以提高模型的预测精度。

（3）建模预测。在特征工程完成后，可以采用机器学习、统计学习等方法，建立能耗预测模型，并进行预测。常用的模型包括回归模型、神经网络模型、支持向量机模型等。

（4）结果评估和优化。根据预测结果和实际情况进行对比和评估，优化模型。结果评估可以采用误差分析、预测精度分析等方法，从而优化模型，提高预测精度。

二、基于人工智能方法的变电站故障诊断方法和技术

对变电站设备的故障进行快速准确的诊断和排除故障，对于保证变电站的正常运行和电网的稳定运行具有重要意义。下面将介绍变电站设备故障诊断的方法和技术。

（1）设备故障检测。设备故障检测是指对变电站设备进行实时监测和检测，获取设备状态数据，包括电压、电流、温度等参数。通过对设备状态数据的分析和处理，可以发现设备故障的异常情况。

（2）数据处理和特征提取。设备故障检测数据是海量的，如何对数据进行处理和特征提取非常重要。数据处理和特征提取的目的是从大量的数据中提取出与设备故障相关的特征，如频率、振幅、相位等，为后续的故障诊断提供有用的信息。

（3）故障诊断模型建立。基于数据处理和特征提取的结果，可以建立故障诊断模型，如神经网络、支持向量机、决策树等。这些模型可以自动学习和识别故障模式，对设备故障进行快速准确的诊断。

（4）故障诊断结果分析。对故障诊断结果进行分析和评估，判断诊断结果的准确性和可靠性。如果诊断结果不准确，可以通过优化模型和提高数据处理和特征提取的精度来提高诊断准确率。

第十章　变电站降碳数字孪生与碳资产运营管理

本章介绍了变电站从设计图纸模型和现场施工模型的对比、碳排信息关联和计算仿真，到碳排放多目标源的检测及其碳强度优化过程，从而为变电站的施工过程的碳减排提供参考。

第一节　面向变电站全生命周期碳中和的碳资产管理方法

一、碳排放流追踪

碳排放流（简称碳流）定义为依附于电力潮流存在且用于表征电力系统中维持任一支路潮流的碳排放所形成的虚拟网络流。电力系统潮流计算的本质是根据给定的运行条件和网络结构确定整个系统的运行状态。在电网中，潮流主要受电网结构、系统参数和边界条件所约束；与潮流计算对应，电力系统碳排放流计算的本质是根据潮流分布定量确定电力系统碳排放流的流动状态，以便辨识电力系统中碳排放的“来龙去脉”。

本模型考虑实际电力系统中的网络损耗，通过计算负荷节点等效负荷需求和线路等效传输功率，将网损分摊到各负荷，从而将有损网络转换成无损网络，使其能够适用于实际电力系统。该模型能够追踪电力系统中碳排放流的具体流向，回溯负荷侧碳流来源，为碳交易市场下负荷侧用户应当缴纳的碳配额计算提供参考依据，有利于促进用户参与节能减排行动，推动低碳电力的发展。

二、碳家底管理办法

1. 碳监测策略

（1）统计原则及方法。站用电主要统计空调、风机、照明以及二次设备能耗等。对于空调、风机及照明，监测点部署在动力回路上，通过电能表或电流表形成能耗采集，并根据小室分开统计。对于二次设备，主要在直流屏交流侧加装电能表，形成能耗统计。

（2）技术点。优先推荐安装电能表，完成能耗统计。如果安装的是电流互感器（TA），则要在碳监测系统完成电能积分。站用电统计要体现小室差异性，不仅要反映具体用电设备，要体现时段与周期特性，形成碳排放预测。碳排放预测将是碳交易，减碳操作等行为的数据基础。

2. 光伏统计

（1）统计原则及方法。统计光伏逆变器信息，统计光伏关口电能表信息，统计七要素微气象监测装置信息。

（2）技术要点。通过逆变器信息，形成光伏整体上线率及工作状态统计。结合七要素气象监测数据，形成发电量与环境要素的映射统计，构建光伏预测数据基础。通过历时曲线查找拟合的方式，完成光伏预测功能。光伏预测将是碳交易，减碳操作等行为的数据基础。

3. 一次设备碳排

（1）统计原则及方法。主要通过主变压器高低侧电能信息差值，或者测控数据，形成一次设备自身能耗，通过折算，形成碳排数据。其中主变压器、电容器等一次设备的碳排放将不计入变电站碳排统计中，但将作为统计信息，构建设备运行工况与碳排放的映射模型。站用变压器的损耗将记入变电站碳排中。

（2）生产阶段。生产阶段是直接碳排放集中阶段，生产阶段的数据主要是作为数据均摊作用，主要和设备状态数据融合，体现设备运维状态。

（3）土建施工阶段。土建施工阶段同样是直接碳排放的集中阶段。不同于设备生产阶段产生的碳排放，土建施工阶段的碳排放不受设备后期运行寿命影响，是一次性碳排放过程。统计的方法主要是通过建立台账，统计施工阶段的各项直接碳排放过程，按60年均摊碳排放。

（4）设备运行阶段。设备运行阶段是直接碳排放和间接碳排放的混合阶段。直接碳排放指的是设备更换或检修过程产生的碳排放。

第二节　基于机器视觉技术的变电站数字孪生工程虚实同步生长技术

在变电站工程环境中，数字孪生技术与机器视觉的集成代表了基础设施管理和预测性维护的创新方法。在机器视觉技术的帮助下，物理变电站与其数字孪生之间的共生关系可实现动态、实时的数据交换，确保准确及时地反映运行状态、结构变化和性能指标。

数字孪生工程的同步增长技术在机器视觉的支持下，为彻底改变变电站管理带来了巨大的希望。尽管实施过程很复杂，但预测性维护、提高效率和提高可靠性的好处使这种集成方法成为现代电力系统管理的重要贡献者。然而，它的成功执行需要强大的IT基础设施，严格的数据管理和网络安全措施，以保护物理和数字实体免受潜在威胁。

一、基于摄像机集群的实时建模方法

基于相机集群的实时建模方法引入了一种创新方法，用于创建动态和交互式3D模型，该方法利用机器视觉、数据分析和高级机器学习方法的强大功能。该建模方法集成

了深度图像数据的采集和分析，使用相机集群进行监控，数据采集预处理，关键图像的选择以及使用密集混合循环多视图立体网络（DH-RMVS网络）的图像深度推断。该过程导致表面重建过程的模型构建，包括从深度图像中提取空间特征点，使用近似最近邻算法匹配最近邻，以及通过移动最小二乘法对点云进行表面重建。

二、倾斜摄影模型与设计模型的比对方法

要实现变电站倾斜摄影模型与其设计模型比对，首先以三角片面积权重提取建筑信息模型表面随机点之后，利用三种对象元素的差异度量方式计算几何相似度。其次，通过超级四点全等集算法为点云粗配准建立索引后，分别基于主成分分析法和点云最近点迭代算法对变电站倾斜摄影模型点云数据与其设计模型进行粗配准和精细配准。然后，基于点云配准后的数据集合，利用同类构件之间的欧式距离计算模型构件位置相似度。最后，根据前期几何和位置相似度的评估指标，结合整体相似度进行两个建筑模型的构件匹配，并完成属性相似度评估下的属性信息填充。本方法可为变电站构件过程与设计预期有差异的建造部分进行拆除、修正、改造等方案提供指标参考。

第三节　基于数字孪生虚实同步生长技术的碳排放评价方法

基于变电站综合倾斜摄影建模模型的碳排放计算方法，首先需要通过采用多摄像头联合采集边缘计算进行影像数据采集传输。其次，基于相似度对比原理计算多目标碳排放源建筑建设变化，并且利用动态物体目标识别技术监测非建筑建设因素的变化。然后，通过碳排放因子数据库的接口获取碳排放因子数据，应用连续词袋模型实现碳排数据与现场建设属性的关联。最后，基于目标管理法则构建碳目标模型进行多目标碳排计算，并利用非支配排序遗传算法优化碳排结果和减排方案。根据该方法进行变电站实时建筑模型信息的碳排放量计算还原，为变电站碳排放全生命周期数字孪生平台的建设提供参考。

一、多目标碳排放源建筑建设变化

从多摄像头联合采集的影像数据得到施工现场模型后，基于变电站倾斜摄影模型与设计模型比对原理，再获取多目标碳排放源的建筑建设数据，包括不同时间点的碳排放数据、摄像头采集的影像数据等，从而计算多目标碳排放源的建筑建设变化，因此先要进行设计图纸模型与现场实时模型的几何信息与空间信息的对比，根据相似度差值的大小，判断建筑目标是否发生了变化。如果相似度差值超过了预先设定的阈值，则判断为建筑目标发生了变化。将建筑目标的变化情况与相应的碳排放数据进行对比，确定建筑

建设变化对碳排放的影响，因此采用数据库连接池，在 Java 数据库连接规范中，应用通过驱动接口直接方法获取碳排放数据库的资源与建筑变化数据部分进行连接配对。

1. 形状相似度对比

根据随机点数据集对随机点组成的点、向量和三维对象元素的差异度量方式计算几何相似度 $\boldsymbol{G}_s$，用稀疏矩阵 $\boldsymbol{G}_s$（$\boldsymbol{M}_a$，$\boldsymbol{M}_b$）来存储相似度，$\boldsymbol{M}_a$ 和 $\boldsymbol{M}_b$ 分别表示设计建筑信息模型和现场实时信息建模模型。

2. 空间位置相似度对比

基于点云精确配准后的两个模型，在计算完所有同类构件之间的位置相似度之后，同理将所有相似度存储为稀疏矩阵 $\boldsymbol{P}_s$（$\boldsymbol{M}_a$，$\boldsymbol{M}_b$）。

3. 模型构件匹配

采用了线性权值方法来结合几何相似度 $\boldsymbol{G}_s$ 与位置相似度 $\boldsymbol{P}_s$，得到两种模型构件之间的结合相似度 $\boldsymbol{C}_s(\boldsymbol{M}_a, \boldsymbol{M}_b)=\alpha\boldsymbol{G}_s+\beta\boldsymbol{P}_s$，其中 α 和 β 分别为几何相似度和位置相似度的权值，两种模型的对应构件相似度达到评判标准后进行符合条件的构件匹配。

二、非建筑建设因素的变化

利用动态物体目标识别技术 / 深度在线实时跟踪技术监测非建筑建设因素的变化，实现施工现场的动态物体目标识别。本发明采用的方法基于简单网络实时追踪算法，其核心是卡尔曼滤波和匈牙利算法，因此，简单网络实时追踪算法通过前后两帧交叉比来构建相似度矩阵。

通过卡尔曼滤波算法进行预测和更新：将目标的运动状态定义为 8 个正态分布的向量 $(u,v,r,h,\dot{x},\dot{y},\dot{r},\dot{h})$，当目标经过移动，通过上一帧的目标框和速度等参数，使用匈牙利算法将预测得到的轨迹和当前帧中的检测目标进行级联匹配和交叉比匹配，预测出当前帧的目标框位置和速度等参数；预测值和观测值两个正态分布的状态进行线性加权，得到目前系统预测的状态。其中目标框需要通过级联匹配与新轨迹进行确认。

采用平方马氏距离度量轨迹检测目标的匹配程度，即

$$d^{(1)}(i,j)=(d_j-y_i)^{\mathrm{T}}S_i^{-1}(d_j-y_i) \tag{10-1}$$

式中 d_j——第 j 个检测目标；

y_i——第 i 个目标轨迹；

S_i^{-1}——d 和 y 的协方差。

根据 d_j 判断前后帧动态目标的匹配结果：① 失配（则将目标框将从图片中删除）；② 部分匹配（需要为当前目标框分配一个新的轨迹）；③ 匹配（只有满足连续 3 帧都成

功匹配，才能将未确定态转化为确定态）。

利用动态目标识别方法，可以在一定记录频率下的影像数据中检测施工现场动态对象的轨迹范围，包括现场工人、机械设备的移动等，利于推测出不同非建筑因素的碳排目标源在一定时间范围内的动态碳排量。

三、多目标碳排放量计算

1. 获取碳排放因子数据

为了建立变电站建模项目的能耗，通过碳排放因子数据库的接口获取碳排放因子数据，以此输入影响碳足迹的数据类型，采用了建筑信息模型模拟作为输入，消耗能源的建筑系统类型是在建筑信息模型文件中定义的。建筑建设因素和非建筑因素的碳排放来源碳排放数据库构成见表 10-1。

表 10-1　　数 据 库 构 成

相对碳排放量数据库	建筑因素中不同尺寸 / 重量的构件的相对碳排放量数据库
碳强度数据库	总生命周期碳足迹［以千克 CO_2 等式］每个建筑建设单位因素和非建筑单位因素重量（kg）
碳足迹数据库	按可用数据粒度组织的碳足迹数据库，包括 NO、CO_2 等温室气体的部分排放指标，及其碳足迹置信区间的统计分析（如均值、均值标准误差、t 检验、方差分析和回归）
碳排目标源及其碳排放因子	1. 施工现场机械的型号与数量； 2. 每台施工机械的功率或能耗； 3. 每台施工机械的运行时间； 4. 各类资源能耗的碳排放因子； 5. 服务器计算出的碳排放数据

通过实现 Java 数据库连接的部分资源对象接口（连接层，声明层，结果集），解决建筑建设模型变化数据及其对应碳排放因子和碳排放数据的传输，在快照连接池内部分别产生三种逻辑资源对象（池化连接层，池化声明层和池化结果集），不仅利于后续建筑模型构件碳排放因子和碳排放变化量的计算，也利于建筑建设变化对碳排放的影响值进行多目标碳排放源的优化，找出对碳排放影响最大的建筑目标，以实现碳排放的最优化。

倾斜摄影模型构件与碳排放周期数据库的连接如图 10-1 所示。

2. 碳排数据与现场建设属性的关联

进一步地，访问碳排生命周期数据库获取碳排相关数据的同时，需要对变电站设计模型和现场倾斜摄影模型的属性进行同步更新，因此根据工业基础类（IFC）标准，应用连续词袋模型实现对直接属性、导出属性和反属性进行属性实体与被描述实体通过关系对象进行关联：

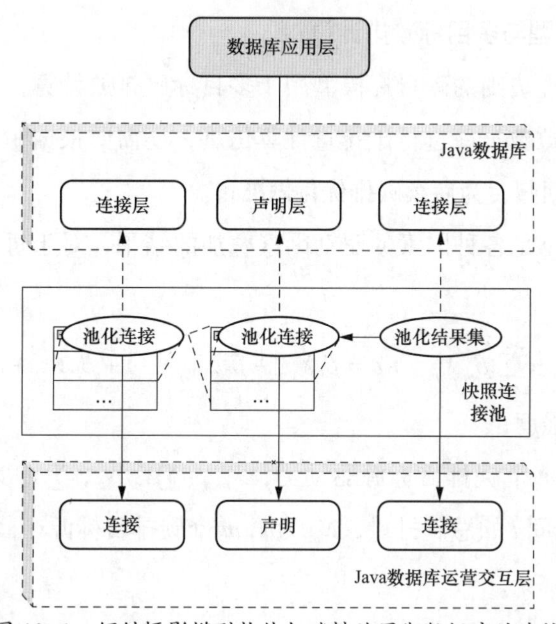

图 10-1　倾斜摄影模型构件与碳排放周期数据库的连接

对现场实时模型构造构建集和属性集的关联信息树状图，以建筑构件为例的属性树状图，其根节点为构件，根节点对应多个属性类子节点，包括限制条件、机械、机械-流量、尺寸标注、标识数据、阶段化、绝缘层等属性类，每个属性类包含多个属性节点，每个属性节点对应唯一的属性值。

连续词袋模型在训练时，输入的数据为某个特征词的上下文词语对应的词向量，它输出的结果则是这个特定词对应的词向量。用 W_t 表示词典中的当前词，并设置上下文单侧词数量为 k，该模型把与 W_t 上下相连最近的各 k 个词作为输入，而通过 W_t 的上下文来预测 W_t 出现的概率 $P=(W_t|W_{t-k},\ W_{t-k+1},\ \cdots,\ W_{t+k-1},\ W_{t+k})$，$t-k\leqslant i\leqslant t+k\ (i\neq t)$，当概率 $P>\mu_1$（μ_1 为匹配度指标参数），则认为倾斜摄影模型 $\boldsymbol{M_a}$ 某构件属性与现场模型 $\boldsymbol{M_b}$ 对应构件属性达到匹配认可，从而获取 $\boldsymbol{M_a}$ 与 $\boldsymbol{M_b}$ 中相匹配两个构件的属性集 $\boldsymbol{A}$ 和 $\boldsymbol{B}$，单个构件属性相似度为 $S=(\boldsymbol{A}\cap\boldsymbol{B}+L_1+L_2)/(\boldsymbol{A}\cup\boldsymbol{B})$，$L_1$ 和 L_2 分别表示相似度大于 99% 的属性数量和相似度处于［0.5，0.99］之间的属性数量，当 $S>\mu_2$（μ_2 为相似度度指标参数），则认为倾斜摄影模型 $\boldsymbol{M_a}$ 与现场模型 $\boldsymbol{M_b}$ 几何相似度 $\boldsymbol{G_s}$ 与位置相似度 $\boldsymbol{P_s}$ 达成匹配判断标准后，$\boldsymbol{M_b}$ 的属性信息与 $\boldsymbol{M_a}$ 对应属性信息匹配成功。

由此完成了对现场模型和属性名称的匹配，不仅为之后碳排放计算过程中检索现场模型 $\boldsymbol{M_b}$ 变化对应属性提供便捷，并且为接下来的多目标碳排放计算做好数据与属性信息计算的准备。

3. 构建碳目标模型与多目标碳排计算

一种基于目标管理法则的碳目标模型用于多目标碳排放计算，其中不仅根据前面的模型变化数据和碳排放数据库进行碳排量计算仿真，还需要根据驱动力模型对多目标源碳排放强度进行线性回归，为后续碳排优化做准备。

假设碳排放强度 y 是各种因素的驱动因素叠加的结果，对于每个碳排放源，采用多元线性回归模型，即

$$y_t = \sum_{m=1}^{i} \beta_m X_{m,t} + \varepsilon = \beta_1 X_{1,t} + \beta_2 X_{2,t} + \cdots + \beta_i X_{i,t} + \varepsilon \tag{10-2}$$

式中　y——t 时刻碳强度；

$X_{m,t}$——t 时刻第 m 个碳排目标源驱动力，$X_{m,t}=\sum X_m/N_m$，$\sum X_m$ 为第 m 个碳排目标源在截止时间 t 的总碳排量，N_m 为第 m 个碳排目标源在截止时间 t 内运行的单元数；

β_m——各驱动力的回归系数；

i——驱动力数；

ε——余数。

碳强度用于多目标碳排放计算该模型可以更好地了解碳排放的情况，从而采取更加有效的措施来减少碳排放。

对于多个碳排目标源的优化问题转化成优化模型的各个子目标在原有约束下的最优值，其中 $f(y)=[f_1(y), f_2(y), \cdots, f_m(y)]$，$(y \in Y_t)$，$f_1(y)$，$f_2(y)$，$\cdots$，$f_m(y)$ 表示评价各个子目标优劣程度的子目标函数，F_m 表示第 m 个目标函数在约束条件下能够达到绿色标准的碳排最优值。有了碳排多目标源优化模型后，即可对后续碳排目标的等级筛选提供参数参考，利于后续的减排方案。

4. 优化碳排结果和减排方案

为了能筛选出对碳排放生命周期影响度高的因素，在这里利用非支配排序遗传算法对已知碳排目标源的碳排放强度进行等级排序，从而为减排方案提供针对性的参考碳排目标优化参考。其中对多碳排目标进行非支配排序遗传算法的筛选过程如下。

（1）初始化目标源集合。随机生成的 m 个数目标源集合都与 $[0, t-1]$ 时间内生成的所有目标源进行比较，如果它们不一样，则将它们添加到初始集合中，如果它们相同则丢弃此随机目标源集合。

（2）分层分离和拥挤计算。碳排目标源按非优势层次进行排名，为后续的碳排目标优势排名作参数筛选准备。等级越高，碳排强度越低，其拥挤距离 $\delta_d(m)$ 越大，单目标

源适应度越大，意味着该目标源对减排要求下的施工环境越容易接受。计算公式为

$$\delta_d(l)=\sum_{m=1}^{g}\frac{\left|F_m(1+y_m)-F_m(1-y_m)\right|}{F_m^{\max}-F_m^{\min}},1\in\{2,3,\cdots,n-1\} \qquad (10-3)$$

式中　n——目标函数的个数；

δ_d（m）——第 m 个个体的拥挤距离；

$F_m^{\max}$——第 m 个目标函数的最大值；

$F_m^{\min}$——第 m 个目标函数的最小值。

（3）碳排目标源选拔。经过了排序和拥挤度的计算后，使用交叉突变法求解对随机目标源集合中优解碳排目标进行选拔，并放在优势排名集合 Pt+1 中，在建设过程适应度较高的个体碳排目标源组成新群体，以便于参考适应度低的碳排目标源集合来制定减排方案。

至此，从变电站设计图纸模型和现场施工模型的对比、碳排信息关联和计算仿真，到碳排放多目标源的检测及其碳强度优化过程，从而为变电站的施工过程的碳减排提供参考。

第十一章　变电站拆除碳排放

随着电力系统的发展与迭代升级，变电站建筑的拆除也在不断进行。建筑拆除阶段作为全生命周期碳排放计算的最后一个阶段，其过程产生的碳排放对计算全生命周期碳排放量具有重要意义。本章将从建筑与设备两个方面介绍变电站拆除阶段碳排放的计算方法，并依托具体案例针对不同材料回收率对减碳量进行分类讨论。

第一节　建筑拆除与材料回收

拆除阶段的碳排放包含拆除施工时消耗能源产生的碳排放、建筑垃圾运输产生的碳排放和建筑垃圾处理产生的碳排放。建筑拆除阶段的碳排放构成为

$$E_{dis} = E_{dis,1} + E_{dis,2} + E_{dis,3} \tag{11-1}$$

式中　E_{dis}——建筑拆除阶段的碳排放总量，$kgCO_2eq$；

$E_{dis,1}$——建筑拆除施工的碳排放总量，$kgCO_2eq$；

$E_{dis,2}$——建筑垃圾运输的碳排放量，$kgCO_2eq$；

$E_{dis,3}$——建筑垃圾处理的碳排放量，$kgCO_2eq$。

一、拆除施工能耗碳排放

部分研究在统计了其他研究结果的基础上，选择建筑建造阶段能耗的10%作为拆除阶段施工能耗碳排放，这里也采用建筑建造阶段碳排放的10%作为拆除阶段施工能耗碳排放，即

$$E_{dis,1} = E_{con} \times 10\% \tag{11-2}$$

式中　E_{con}——建筑建造阶段建筑施工的碳排放量，$kgCO_2eq$。

二、建筑垃圾运输碳排放

建筑垃圾运输的碳排放计算方式与建筑材料运输到场地的计算方式相似。建筑垃圾运输的碳排放量等于建筑垃圾运输的质量与运输方式的碳排放因子和运输距离的乘积。建筑垃圾运输的碳排放计算为

$$E_{dis,2} = \sum_{i=1}^{n}\sum_{j=1}^{m} W_{i,j} \times FT_j \times L_j \tag{11-3}$$

式中　$W_{i,j}$——第 i 种建筑垃圾通过第 j 种运输方式运输的质量，kg；

FT_j——运送单位质量、单位距离的货物，第 j 种运输方式的排放因子，$kgCO_2eq/(km \cdot kg)$；

L_j——第 i 种材料通过第，种 j 方式运输的距离，km。

计算垃圾运输碳排放的过程中，建筑垃圾的运输量按照建筑材料的用量计算。建筑垃圾的运输距离，假设默认值为 30km。运输方式及其各自对应的碳排放因子见表 11-1。转运工具主要包括柴油火车与汽油火车两类，运载重量由 2～46t 不等。目前，拆除阶段较为常用的运载工具为在中 10t 的柴油货车，其碳排放因子为 0.162tCO_2e/（t·km）。

表 11-1　　运输方式及其各自对应的碳排放因子

转运工具	碳排放因子 /[tCO_2e/（t·km）]
轻型汽油货车转运（载重 2t）	0.334
中型汽油货车转运（载重 8t）	0.115
重型汽油货车转运（载重 10t）	0.104
重型汽油货车转运（载重 18t）	0.104
轻型柴油货车转运（载重 2t）	0.286
中型柴油货车转运（载重 8t）	0.179
重型柴油货车转运（载重 10t）	0.162
重型柴油货车转运（载重 18t）	0.129
重型柴油货车转运（载重 30t）	0.078
重型柴油货车转运（载重 46t）	0.057

三、建筑垃圾处理碳排放

建筑垃圾的处理主要有焚烧、填埋、回收 3 种方式。建筑垃圾最终处理的碳排放，主要来自填埋时，微生物对建筑垃圾的降解产生的碳排放以及建筑垃圾焚烧时，材料燃烧产生的碳排放。此外，建筑材料回收还会带来一定的减碳量。由此，在综合考虑焚烧、填埋、回收后，建筑垃圾最终处理的碳排放可按式（11-4）计算，即

$$E_{\mathrm{dis},3}=\sum_j^n(M_j\times \mathrm{EF_f}\times \mathrm{PM_f}+M_j\times \mathrm{EF_l}\times \mathrm{PM_l}+M_j\times \mathrm{EF_r}\times PM_r) \tag{11-4}$$

式中　M_j——第 j 类建筑垃圾的量，kg；

$\mathrm{PM_f}$——第 j 类建筑垃圾焚烧的百分比；

$\mathrm{PM_l}$——第 j 类建筑垃圾填埋的百分比；

$\mathrm{PM_r}$——第 j 类建筑垃圾回收的百分比；

$\mathrm{EF_f}$——第 j 类建筑垃圾焚烧的碳排放因子，kgCO_2eq/kg；

$\mathrm{EF_l}$——第 j 类建筑垃圾填埋的碳排放因子，kgCO_2eq/kg；

$\mathrm{EF_r}$——第 j 类建筑垃圾回收的碳排放因子，kgCO_2eq/kg。

建筑垃圾焚烧、填埋、回收的百分比既可以通过实际案例获取一手数据，也可以通过大量建筑已有的相关数据进行统计分析。低碳建筑方法（Low Carbon Building Method,

LCBM，依据 PAS2050 编制）提供了宏观统计下不同种类建筑垃圾焚烧、填埋、回收比例的经验数据，可供计算参考，见表 11-2。

表 11-2　宏观统计下不同种类建筑垃圾焚烧、填埋、回收比例的经验数据

材料	PM_f（填埋）	PM_1（焚烧）	PM_r（回收）
混凝土、砖、陶瓷、瓦、石膏	45%	0%	55%
木材	40%	40%	20%
玻璃	30%	0%	70%
塑料	70%	20%	10%
沥青、焦油制品	25%	0%	75%
金属	25%	0%	75%
混合体拆迁废料	100%	0%	0%

不同材料填埋或焚烧的碳排放因子有所不同，大致可分为无机物和有机物两大类。

填埋是目前建筑垃圾最常用的一种处理方式。在有机建筑垃圾（如纸、木材等）填埋后，微生物会对其进行分解，产生 CH_4，CO_2 等温室气体。从垃圾填埋到完全分解，在很长一段时间内才能完成。为了方便起见，这里假定在垃圾填埋后无限长的时间内，产生了一笔碳排放，计量这笔碳排放，但产生的时长不做考虑。此外，无机建筑垃圾填埋包括混凝土、砖、水泥、玻璃等，其填埋后不会被微生物分解产生温室气体，所以只考虑有机建筑垃圾填埋产生的碳排放。

在 2006 年 IPCC 国家温室气体清单指南的垃圾处理模型中，提供了部分有机建筑垃圾填埋产生的等效碳排放因子，见表 11-3。

表 11-3　部分有机建筑垃圾填埋产生的等效碳排放因子

类型	填埋碳排放因子 /（$kgCO_2eq/t$）
纸、硬纸板	1680
木材	1800

除填埋外，还有一部分有机建筑垃圾采用焚烧处理。在 2006 年 IPCC 国家温室气体清单指南的垃圾处理模型中，提供了部分有机建筑垃圾焚烧处理的等效碳排放因子，见表 11-4。

表 11-4　部分有机建筑垃圾焚烧处理的等效碳排放因子

类型	焚烧碳排放因子 /（$kgCO_2eq/t$）
纸、硬纸板	1500
木材	2800

除焚烧与填埋外，随着建筑可持续发展研究的深入，越来越多的建筑垃圾被用作新型建材的原材料回收再利用，为建筑全生命周期创造减碳量。由于建材回收需要经过分拣、清理、再加工等流程，其回收减碳量按原材料生产碳排放量的 90% 计算，即

$$EF_r = -90\% \times F_r \tag{11-5}$$

式中　EF_r——第 j 类建筑垃圾回收的碳排放因子，$kgCO_2eq/kg$；

F_r——第 j 类建筑垃圾对应材料生产阶段的碳排放因子，$kgCO_2eq/kg$。

四、钢结构不同拆除回收率对拆除阶段减碳量的影响

本节在考虑钢结构构件不同回收再利用情况下拆除阶段材料回收减碳量。这是由于在建筑拆除阶段，钢结构变电站的部分钢材经过处理加工后可进行二次利用。这一特点会影响钢结构建筑全生命周期碳排放数值。本节在回收减碳量计算中同时考虑钢材的拆除回收比例和工厂二次加工的折减情况。具体钢材回收减碳量的计算公式为

$$E_r = M_j \times -90\% \times F_r \times PM_r \tag{11-6}$$

式中　E_r——材料回收碳排放，$kgCO_2eq/kg$；

M_j——第 j 类建筑垃圾的量，kg；

F_r——第 j 类建筑垃圾对应材料生产阶段的碳排放因子，$kgCO_2eq/kg$；

PM_r——第 j 类建筑垃圾回收的百分比。

以国网江苏电力建设数量最多的典型 110kV 变电站通用设计方案为例，建筑物为地上二层底下一层，建筑面积 1819.84m^2，结构形式采用钢结构体系，三维模型如图 11-1 所示。建设过程中型钢用量 255.38t、钢筋用量 152.08t、金属复合板用量 2549.8m^2，其各自对应的材料生产碳排放因子分别为 2380kg/t、2380kg/t、8kg/m^2。

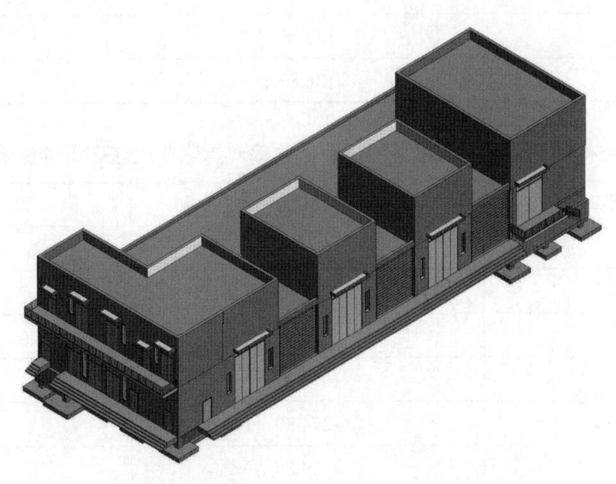

图 11-1　典型 110kV 变电站三维模型

由于在实际工程过程中无法做到金属材料的全部回收，本节分别以10%、20%、30%、40%、50%、60%、70%、80%、90%这9种回收率计算型钢、钢筋、金属复合板材料拆除阶段的回收减碳量，具体计算结果见表11-5～表11-7。

表11-5　　钢结构建筑型钢不同拆除回收率对拆除阶段减碳量的影响

型钢回收率	材料回收量/t	减碳量/kgCO_2eq
10%	25.54	54702.40
20%	51.08	109404.79
30%	76.61	164107.19
40%	102.15	218809.58
50%	127.69	273511.98
60%	153.23	328214.38
70%	178.77	382916.77
80%	204.30	437619.17
90%	229.84	492321.56

表11-6　　钢结构建筑钢筋不同拆除回收率对拆除阶段减碳量的影响

钢筋回收率	材料回收量/t	减碳量/kgCO_2eq
10%	15.21	32575.54
20%	30.42	65151.07
30%	45.62	97726.61
40%	60.83	130302.14
50%	76.04	162877.68
60%	91.25	195453.22
70%	106.46	228028.75
80%	121.66	260604.29
90%	136.87	293179.82

表11-7　　钢结构建筑金属复合板不同拆除回收率对拆除阶段减碳量的影响

金属复合板回收率	材料回收量/m^2	减碳量/kgCO_2eq
10%	254.98	1835.86
20%	509.96	3671.71
30%	764.94	5507.57
40%	1019.92	7343.42
50%	1274.90	9179.28
60%	1529.88	11015.14
70%	1784.86	12850.99

续表

金属复合板回收率	材料回收量 / m^2	减碳量 / $kgCO_2eq$
80%	2039.84	14686.85
90%	2294.82	16522.70

本案例中具体拆除阶段材料回收减碳量由表 11-5～表 11-7 格中不同情况回收率的排列组合。如：型钢回收率为 70%、钢筋回收率为 40%、金属复合板回收率为 40% 情况下，该案例拆除阶段材料回收型钢、钢筋、金属复合板分别为 178.77t、60.83t、1019.92m^2，其对应的减碳量分别为 382916.77kg、130302.14kg、7343.42kg，共计 520562.34kg；减碳量占比情况为型钢回收减碳量占 73.5%、钢筋回收减碳量占 25%、金属复合板回收减碳量占 1.5%。

第二节　设备拆除与回收

设备的拆除与回收与建筑主体部分拆除回收的计算方法类似，把建筑材料的各项参数替换为变电站建筑内机械设备材料的各项参数即可。以国网江苏电力建设数量最多的典型 110kV 变电通用设计方案站为例，其内部主要设备包括变压器、GIS、开关柜、10kV SVG、接地变消弧线圈等，具体设备材料用量与碳排放见表 11-8，硅钢片、铜材、钢材、铝合金的用量分别为 52200kg、26692kg、37635kg、3124kg。

表 11-8　　典型 110kV 变电站设备材料用量与碳排放

设备	材料	用量 / kg	碳排放量 / $kgCO_2eq$
变压器	硅钢片	46000	184000
	自黏性换位导线	4800	49440
	组合导线	7800	80340
	纸包扁铜线	900	9270
	纸板	2800	2300
	层压木	1600	−1640
	钢材	3400	7820
	矿物油 / 植物油	36000	0
GIS	5052 铝合金板材	3124	57170
	T2Y 铜	452	4660
	环氧树脂	1282	7490
	钢材	1565	3600
	CO_2	352	350
	SF_6	0	0

续表

设备	材料	用量 / kg	碳排放量 / $kgCO_2eq$
开关柜	钢材	25670	59040
	铜	9600	98880
10kV SVG	钢材	7000	16100
	铜	2000	20600
接地变压器消弧线圈	接地变压器；铜	1140	11740
	接地变压器；硅钢片	2720	10880
	消弧线圈；铜	1020	10510
	消弧线圈；硅钢片	3480	13920

该方案设备内金属材料具有回收再利用的减碳潜力。由于建材回收需要经过分拣、清理、再加工等流程，其回收减碳因子按原材料生产碳排放因子的90%计算。由于在实际工程过程中无法做到金属材料的全部回收，本节分别以10%、20%、30%、40%、50%、60%、70%、80%、90%这9种回收率计算硅钢片、铜材、钢材、铝合金拆除阶段的回收减碳量，具体计算结果见表11-9～表11-12。

表11-9　设备内硅钢片不同拆除回收率对拆除阶段减碳量的影响

硅钢片回收率	材料回收量 / t	减碳量 / $kgCO_2eq$
10%	5.22	18792.00
20%	10.44	37584.00
30%	15.66	56376.00
40%	20.88	75168.00
50%	26.1	93960.00
60%	31.32	112752.00
70%	36.54	131544.00
80%	41.76	150336.00
90%	46.98	169128.00

表11-10　设备内铜材不同拆除回收率对拆除阶段减碳量的影响

铜材回收率	材料回收量 / t	减碳量 / $kgCO_2eq$
10%	2.67	24743.48
20%	5.34	49486.97
30%	8.01	74230.45
40%	10.68	98973.94
50%	13.35	123717.42

续表

铜材回收率	材料回收量 / t	减碳量 / $kgCO_2eq$
60%	16.02	148460.90
70%	18.68	173204.39
80%	21.35	197947.87
90%	24.02	222691.36

表 11-11　　　设备内钢材不同拆除回收率对拆除阶段减碳量的影响

钢材回收率	材料回收量 / t	减碳量 / $kgCO_2eq$
10%	3.76	7790.40
20%	7.53	15580.80
30%	11.29	23371.20
40%	15.05	31161.60
50%	18.82	38952.00
60%	22.58	46742.40
70%	26.34	54532.80
80%	30.11	62323.20
90%	33.87	70113.60

表 11-12　　　设备内铝合金不同拆除回收率对拆除阶段减碳量的影响

铝合金回收率	材料回收量 / t	减碳量 / $kgCO_2eq$
10%	0.31	5145.23
20%	0.62	10290.46
30%	0.94	15435.68
40%	1.25	20580.91
50%	1.56	25726.14
60%	1.87	30871.37
70%	2.19	36016.60
80%	2.50	41161.82
90%	2.81	46307.05

本案例中具体拆除阶段设备材料回收减碳量由表 11-9～表 11-12 格中不同情况回收率的排列组合。如：设备内硅钢片回收率为 60%、铜材回收率为 70%、钢材回收率为 40%、铝合金回收率 80% 情况下，该案例拆除阶段设备材料回收硅钢片、铜材、钢材、铝合金分别为 31.32t、18.68t、15.05t、2.5t，其对应的减碳量分别为 112752kg、173204.39kg、31161.60kg、41161.82kg，共计 358279.81kg，其减碳量占比情况为硅钢片回收减碳量占 31.5%、铜材回收减碳量占 48.3%、钢材回收减碳量占 8.7%、铝合金回收

减碳量占 11.5%。

同时应考虑变电站建筑项目中建筑材料与设备材料的回收情况。比如：建筑材料中型钢回收率 60%、钢筋回收率 50%、金属复合板回收率 30%；设备材料中硅钢片回收率 40%、铜材回收 50%、钢材回收 50%、铝合金回收 40%。案例拆除阶段建筑材料回收型钢、钢筋、金属复合板量分别为 153.23t、76.04t、764.94m^2，设备材料回收硅钢片、铜材、钢材、铝合金量分别为 20.88t、13.35t、18.82t、1.25t。其对应的减碳量分别为 328214.38kg、162877.68kg、5507.57kg、75168kg、123717.42kg、38952kg、20580.91kg。其减碳量占比情况为建筑型钢材料回收减碳量占 43.5%、建筑钢筋材料回收减碳量占 21.5%、建筑金属复合板回收减碳量占 0.7%、设备硅钢片材料回收减碳量 10%、设备铜材回收减碳量 16.4%、设备钢材回收减碳量 5.2%、设备铝合金回收减碳量占 2.7%。

参 考 文 献

[1] Hurst, L.J.; O'Donovan, T. S. A review of the limitations of life cycle energy analysis for the design of fabric first low-energy domestic retrofits. Energy Build. 2019, 203, 109447.

[2] Tang J, Cai X, Li H. Study on development of low-carbon building based on LCA[J]. Energy procedia, 2011, 5: 708-712.

[3] Li H, Wang S. Coordinated optimal design of zero/low energy buildings and their energy systems based on multi-stage design optimization[J]. Energy, 2019, 189: 116202.

[4] 李叶茂，李雨桐，郝斌，罗春燕. 低碳发展背景下的建筑“光储直柔”配用电系统关键技术分析［J］. 供用电，021，8（01）：32-38.

[5] 中国建筑节能协会. 2021 中国建筑能耗与碳排放研究报告［R］. 2022.

[6] 马明珠. 上海地区典型办公建筑围护结构生命周期清单分析［D］. 上海：同济大学，2008.

[7] 邵高峰，赵霄龙，高延继，等. 建筑物中建材碳排放计算方法的研究［J］. 新型建筑材料，2012，2：75-77.

[8] 汪静. 中国城市住区生命周期 CO_2 排放量计算与分析［D］. 北京：清华大学，2009.

[9] 王霞. 住宅建筑生命周期碳排放研究［D］. 天津：天津大学，2012.

[10] K. Adalberth. Energy use during the life cycle of buildings: a method[J].Building and Environment, 1997(32): 317-320.

[11] 卜一德. 绿色建筑技术指南［M］. 北京：中国建筑工业出版社，2008.

[12] 高有景. 影响公路运输能耗的因素和节能途径［J］. 平原大学学报，2007，No.94（04）：11-12.

[13] G. Q. Chen, H. Chen, Z. M. Chen, etc. Low-carbon build-ing assessment and multi-scale input-output analysis[Z]. Commun Nonlinear Sci Numer Simulat, 2010.

[14] 段绪斌. 施工用电节能控制点［J］. 电气时代，2006（12）：72-74.

[15] 燕艳. 浙江省建筑全生命周期能耗和 CO_2 排放评价研究［D］. 杭州：浙江大学，2011.

[16] 郭远臣，王雪. 建筑垃圾资源化与再生混凝土［M］. 南京：东南大学出版社，2015.

[17] 杨书婷，涂建明，石羽珊. 企业碳预算理论结构与管理减排功能［J］. 新会计，

2018（5）：6-11.

［18］赵由才，牛冬杰，柴晓利，等. 固体废物处理与资源化［M］. 北京：化学工业出版社，2006.

［19］马建立，卢学强，赵由才. 可持续工业固体废物处理与资源化技术［M］. 北京：化学工业出版社，2015.

［20］陆炜，刘保安，王奕玮. 城市110kV变电站环境影响因素分析［J］. 城市建设理论研究（电子版），2013（3）.

［21］李勇，刘欢. 变电站选址及前期工作概述［J］. 城镇建设，2022（3）：138-140.

［22］陈晓明. 变电站光伏并网发电系统设计与实现［J］. 城市建设理论研究（电子版），2015（20）：2212-2213.

［23］孙晓玲，张海红，秘嘉. 浅谈低碳背景下的建筑设计策略［J］. 城市建设理论研究（电子版），2015（2）：2478-2479.

［24］王卓. 基于全生命周期的110kV变电站降碳方案研究［J］. 电工电气，2022（1）：66-69.

［25］薛甦阳，朱建君，胡承兴，等. 住宅小区景观植物种植养护阶段碳排放测算及减碳策略研究——以南京市江宁区某小区为例［J］. 建设科技，2022（10）：66-69.

［26］张雪婷. 基于作物生长模型和遥感数据同化的草地生物量估算方法及应用［D］. 四川：电子科技大学，2017.

［27］刘科. 夏热冬冷地区高大空间公共建筑低碳设计研究［D］. 东南大学，2021. DOI:10.27014/d.cnki.gdnau.2021.000084.

［28］黄章来，曾理，郑许冬，等. 面向碳达峰的保温装饰一体板外墙节能策略比较研究［J］. 建筑节能（中英文），2022，50（11）：88-93，102.

［29］胡亚山，庄典，朱可，等. 混凝土结构与钢结构变电站建筑全生命周期碳排放对比研究［J］. 建筑科学，2022，38（12）：275-282. DOI:10.13614/j.cnki.11-1962/tu.2022.12.33.

［30］卢勇东，杜思宏，庄典，等. 数字和智慧时代BIM与GIS集成的研究进展：方法、应用、挑战［J］. 建筑科学，2021，37（04）：126-134.

［31］Zhuang D, Zhang X, Lu Y, et al. A performance data integrated BIM framework for building life-cycle energy efficiency and environmental optimization design[J]. Automation in Construction, 2021, 127: 103712.

［32］马最良，姚扬，姜益强. 暖通空调热泵技术. 第二版.［M］. 北京：中国建筑工业

出版社，2019.

［33］ 袁云．新型光伏光热建筑一体化组件及系统性能研究［D］．黑龙江：哈尔滨工业大学，2020.

［34］ 张志亮，张斌宇．北方某IDC数据机房空调冷水机组模型建立及能耗分析［J］．长江信息通信，2022，10：183-186.

［35］ 王蕊，庆昌．建立冷水机组能耗模型几种方法的比较与分析［J］．现代建筑电气，2017，8（01）：9-13.

［36］ 杨震，张前．变电站设计中主要电气设备的选型计算［J］．科技创新与应用，2014，No.111（35）：147.

［37］ 杨震，张前．变电站一次设计中主要电气设备的选择［J］．河南科技，2014，No.551（21）：143-144.

［38］ 李福星．变电站一次设计中主要电气设备选择［J］．科技创新导报，2017，14（26）：29+31.DOI:10.16660/j.cnki.1674-098X.2017.26.029.

［39］ 唐忠达．110kV变电站生命周期碳排放分析［J］．电工电气，2021（08）：35-38.

［40］ 何宇辰，胡晨，张慧杰，等．基于蒙特卡洛模拟变电站的全寿命周期碳排放评价［C］// 中冶建筑研究总院有限公司．2022年工业建筑学术交流会论文集（下册），2022:117-123+70.DOI:10.26914/c.cnkihy.2022.043176.

［41］ 王益民，王静平，仇丽．基于数字孪生技术的变电站碳排放监测平台应用［J］．工业建筑，2021，51（12）：207.

［42］ 田猛，杨虎，施俊华，等．论天然酯主变压器在变电站碳减排的应用前景［J］．环境工程，2022，40（03）：329.

［43］ 崔建胜，周哲远，丁洋．论混合气体绝缘型GIS在变电站碳减排的应用前景［J］．工业建筑，2021，51（12）：202.

［44］ 曾文慧．绿色低碳变电站设计关键［J］．中国电力企业管理，2022（30）：25-27.

［45］ 李蕊．面向设计阶段的建筑生命周期碳排放计算方法研究及工具开发［D］．江苏：东南大学，2013.

［46］ 牟筱童，陈易．英国建筑物建造、更新及拆除中的碳排放计算方法简析［C］．//2012年中国建筑学会年会论文集．2012：301-304.

［47］ 江亿．光储直柔——助力实现零碳电力的新型建筑配电系统［J］．暖通空调，2021，51（10）：1–12.

［48］ 刘晓华，张涛，刘效辰，等．“光储直柔”建筑新型能源系统发展现状与研究展望

[J]. 暖通空调，2022，52（08）：1-9.

[49] 沈卫东，傅守强，李红建，等. 基于柔性变电站的交直流配电网成套设计［J]. 电力建设，2020，41（03）：100-109.

[50] 刘子文，苗世洪，范志华，等. 孤立交直流混合微电网双向 AC/DC 换流器功率控制与电压波动抑制策略［J]. 中国电机工程学报，2019，39（21）：6225-6238.

[51] 王长青，李爱军，王伟，王鹏. 基于标准特征多项式的特征值配置设计方法［J]. 西北工业大学学报，2009，27（02）：260-263.

[52] A. Bidram, A. Davoudi. Hierarchical structure of microgrids control system[J]. IEEE Transactions on Smart Grid, 2012, 3(4): 1963–1976.

[53] A. Iovine, T. Rigaut, G. Damm, et al. Power management for a dc microgrid integrating renewables and storages[J]. Control Engineering Practice, 2019, 85: 59-79.

[54] 沈明浩. 数字化变电站解读［J]. 科技传播，2011（20）：62-64.

[55] 何清华，钱丽丽，段运峰，李永奎. BIM 在国内外应用的现状及障碍研究［J]. 工程管理学报，2012，26（01）：12-16.

[56] 杨莹. 智能变电站功能架构及设计原则［J]. 科技与创新，2017，No.78(06): 123+125.DOI:10.15913/j.cnki.kjycx.2017.06.123.

[57] 王敬敏，郭小帆，安东. 低碳背景下变电站选址评价体系构建研究［J]. 陕西电力，2015，43（01）：60-65.

[58] 余凯，贾磊，陈雨强，等. 深度学习的昨天、今天和明天［J]. 计算机研究与发展，2013，50（09）：1799-1804.

[59] Zhang G Q, Patuwo B E, Hu M Y. Forecasting with artificial neural networks: The state of the art [J]. International Journal of Forecasting, 1998, 14(1): 35-62.

[60] Burges C J C. A tutorial on Support Vector Machines for pattern recognition [J]. Data Mining and Knowledge Discovery, 1998, 2(2): 121-167

[61] Quinlan J R. Induction of decision trees [J]. Machine Learning, 1986, 1(1): 81-106.